# 让成长引领
# 人生方向

焦海利◎著

吉林出版集团股份有限公司

图书在版编目（CIP）数据

让成长引领人生方向 / 焦海利著. — 长春：吉林出版集团
股份有限公司, 2018.7

ISBN 978-7-5581-5229-0

Ⅰ.①让… Ⅱ.①焦… Ⅲ.①人生哲学－通俗读物
Ⅳ.①B821-49

中国版本图书馆CIP数据核字（2018）第134151号

## 让成长引领人生方向

| | | |
|---|---|---|
| 著　　者 | 焦海利 | |
| 责任编辑 | 王　平　史俊南 | |
| 开　　本 | 710mm×1000mm　　1/16 | |
| 字　　数 | 260千字 | |
| 印　　张 | 18 | |
| 版　　次 | 2018年8月第1版 | |
| 印　　次 | 2018年8月第1次印刷 | |

| | |
|---|---|
| 出　　版 | 吉林出版集团股份有限公司 |
| 电　　话 | 总编办：010-63109269 |
| | 发行部：010-67208886 |
| 印　　刷 | 三河市天润建兴印务有限公司 |

ISBN 978-7-5581-5229-0　　　　　　　　　　定价：45.00元

# CONTENTS 目录

## 第一章　所有的成长都曾受伤

## 第二章　用积极的心态过好每一天

# CONTENTS 目录

第三章 学会疏解坏情绪

## 第四章　心态放好，生活状态自然就会好

# CONTENTS 目录

# 01

## 所有的成长
## 都曾受伤

# 哪怕跌跌撞撞，成长也是一件幸事

已经忘记自己是从什么时候开始接触"安全感"这个词的，回想了好久，能记起的最早的时候是在大学，朋友失恋，哭着告诉我说："他明明知道我是一个没有安全感的人，为什么还要这样对我？"

我第一次知道"安全感"这个词原来在爱情中占有这么关键性的地位。经历越多，就越频繁地听到人们用这个词来衡量自己，和"我是个乐观的人"或者"我是个悲观的人"一样具有日常的判断性。

尽管被这个词浸染了好多年，仿佛不去使用这个词就落伍了一般，我却对此毫无感觉。相比较而言，我更喜欢它的反面——动荡感，一切都是未知的，都是不稳定的，都是充满激情和挑战的。有人喜欢顺风顺水的碧海蓝天，而我永远对惊涛拍岸充满幻想。不是我与众不同，而是在我的认知里面，根本没有"安全"这回事儿。如果非得给"安全"下一个定义，那就是不断地生长，只有在"动"中才有那一刻的"静"。

小王是我认识的极少的文科博士之一，大学在一所很普通的二本院校就读，毕业后，凭借各方面的关系保送为本校的研究生。当时他的保送在学校里面还引起过一阵轰动，大家实在无法理解这样一位平时基本不学习的人，怎么配保送研究生，以至于那一届的毕业生接受保送的比率降低了一半，估计同学都不想和这种人为伍吧。可想而知，这样的基础，在研究生阶段很难有什么成果可言，但人家愣是毕业了，论文还发表了好几篇。坊间有各种传闻，但学术期刊上白纸黑字地写着他的名字，也没有抄袭的痕迹。

说来也是幸运，他研究生毕业的那一年，那所学校的一个专业开始有资格招博士生了，他又轻而易举地考上了博士。但博士期间仍然浑浑噩噩，女友在三年的时间里换了三个，他的想法是：我都读到博士了，毕业后留校是轻而易举水到渠成的事情。每次他跟朋友说起他要留校的想法时，那些朋友都会打趣他，相当诚实地说："如果你这样的人都当了大学老师，那咱中国的教育水平可想而知了。"

他偶尔会反驳一下："你可别这么说，不怎么学习还能读到博士也是一种本事。你看那些每天拼得死去活来的人，还不是每月拿着两三千块钱的工资。有时候这就是命，没法比。"

的确是命。因为是第一届博士招生，学校为了接受上级的检查，对博士生的要求格外严格，必须按照国家规定的标准执行。读到博士三年级时，他依然没有做过课题，依然没有在核心期刊上发表过论文，连开题都没有被通过，因此，即便他动用了各种人际关系调节，最后得到的通知仍然是：必须延迟毕业。

延迟毕业对他来说基本上就等于永不能毕业了，而在学校时不读书，不做科研，离开校园之后，这些更是不可能的事情。更可怕的是，读了三年博士，却没有拿到毕业证和学位证，也就是说这三年的时间在找工作时完全不具有说服力。

当大学老师的愿望泡汤了，相当于他从本科开始近十年的计划都泡汤了。每当他浑浑噩噩的时候，他都会告诉自己："学历在这里摆着呢，怕什么？博士毕业，到哪里都有人要。"然后在这种"底气"中继续不学无术。在大学里待了十年，能力仍停留在刚进入大学时的水平，他一直认为学历带给他的安全感是无比可靠的，凭借一纸证书，就能够受到很多高校的青睐，但那纸证书是那么容易能拿到的吗？即便拿到了，就真的能让人安然地度过一生吗？

之后三四年里，他一直在努力去获得博士学位，开始尝试写论文，也跟着导师做课题，但依然没能达标，到最后，自己也厌倦了，索性就放弃了。因为是从普通的大学硕士毕业，能力又很差，并且基本上没有工作经验，只能在当地一家公司找了一份工作，从底层做起，过起了他以前嗤之以鼻的"每月两三千块钱"的生活。

现在每次和他聊天，他都会感叹这一切都是命。

听烦了这种论调的我有时会问他："如果你考研究生时选一所更好的学校，你考得上吗？"他很自然地摇摇头，我说："那就对了，你不要觉得现在的生活和你是不匹配的，即便你拿到了博士学位，你的能力依然停留在大学阶段，你并没有和你的学历一起成长。"

他惊恐地看着我，眼睛里有怨气，似乎在控诉我侵犯了他的尊严。可我还是说了一句话："尊严是可以拿来侵犯的，但没有人能侵犯努力，侵犯成长。"

再然后，他就再也没有联系过我，偶尔聚会上遇到，他也有意躲着我。

有时，我会想，与其说我戳穿了他，不如说我侵入了他的"安全系统"，他自始至终都是没有生长意识的人，直到现在，虽然对自己每月拿很少的工资觉得不满，但也只是口头说说，并没有做出行动上的改变。我不知道他的公司未来会怎样，倘若哪一天有了变动，估计他会再次陷入手足无措、有跌落感的境地。

很多刚刚工作的年轻人给我写信，说他们在职场中得不到安全感，总觉得哪一天不经意间就会被领导炒鱿鱼。每次回信，我都会说："不能带给人危机感的工作一定不是好工作，若想在危机中获得安全感，只有不断地进步，要求自己在职业上不断地提升，永不停歇。"我们都不喜欢一眼望到头的人生，但又无比渴望安全感，那最好的应对方式就是在动荡中为自己不断加码，获得来自自身的平衡能力。

还有那些在爱情中寻找安全感的人，无数的人说过："没有人能给你安全感，除了你自己。"可仍有太多姑娘把安全感全部寄于爱人身上。这与其说是爱对方，信赖对方，倒不如说是姑娘自私，为的是省事儿，因为自己建立安全感是无比艰难的事儿，甚至要持续一生，哪有靠别人来得轻松？

我始终觉得，在爱情中不断生长是共赢的选择，不但自己得到了生长，还能让两个人的感情进入新的境界，不但是为个人，也是为爱情本身，真是没有比这更美好的事情了。

不断成长，是我建立安全感的方式，也是我存在的方式。这种选择与别人无关，只是为了拥有一个坚实的内心依靠。

# 对待自己，有时不妨苛刻一点儿

常有人会说："我学不进去求正能量""我老板是个变态怎么办求正能量""我不想去上班求打鸡血"，正能量仿佛就是神仙药水，只要得到就能满血复活；又好像正能量变成了逃避问题的办法，如果没有正能量打鸡血就永远解不开问题的结。

前段时间一度工作太忙，整个元旦都在家里加班，加上下属生病住院，加班的过程心烦气躁，恨不得对着电脑要摔鼠标了。每天在家里乌泱泱的想，这种日子可怎么过得下去。很多问题在一起，根本来不及想就变成了一个死结。辞职！消失！扔下这一切不管了！这些字眼无一不突突突地跳出来，让自己不由得心生绝望，感觉整个世界都暗淡了！好想在什么犄角旮旯看到句什么牛哄哄的话，以让自己能搞定这一切！

打开电视看了很久，也确实恰如其分地看到那么几句话，让自己内心的温度一点点升腾起来，有了一点点力气去仔细想想各种事儿，真正让自己的内心安静下来，把每件事都拆开来找找前因后果，最重要的是想出各种解决方案。仔细想想，其实正能量这种东西就像一股精神气儿，被充入到每个人的信仰里，让你开始相信自己一定能赢，一定能做到，仅此而已。事情本身的解决还是要靠自己来想办法，而并非全靠正能量来解决问题。

当"正能量"这个词让人依赖的时候，越来越多的人在遇到困难的第一时间想到的不是如何去解决问题，而是寻找哪里有正能量给我打点鸡血。但越是这样，自己就会愈加丧失让自己从绝望中爬起来的能动性（或者叫本能），总觉得需要一些外力才能重振精神斗志昂扬。心情跌到低谷的时候，都不知道应该如何从低谷走出来。时间久了，倘若方圆二里地里找不到一个合适的励志对象，这日子就没法过了。

《少年Pi》热映的时候，觉得Pi特别强，这种强不是指他战胜了多少身体与物质上的困难，而是他在一个毫无对手，毫无刺激，毫无正能量的环境下不断地打败自己绝望的内心，战胜了自己的孤单和寂寞，一天天撑到了靠岸。这让我想到了这个时代过多的正能量，以及过多地依赖。

这个时代里年轻人痛楚和绝望，大多来自对未来理想的迷茫，对自我的过高估计，对社会的隐忍不安，而并非来自肉体或物质的匮乏；而社会的浮躁与虚化又会将年轻人想要吃苦与耐久的心情通通赶跑，这便造成了更多精神上的折磨与低落。如果我们总是需要正能量一类的精神鸦片来不断的刺激自己，如果有一天，我们的周围没有了励志故事与心灵鸡汤，日子还能否过下去？自己的求胜的信仰是否能本能地打败心底绝望的声音，让自己像少年Pi一样穿过孤独的海洋？

即便我们每天吸收了大量的正能量，看过太多的励志故事，读过太多的警示格言，但如果不能把这些内容与自己相结合，如果不能把这些内容融入到自己的生活来让我们自己每天都多进步一点点，那所谓的正能量也没什么太大的作用。励志故事依然是别人的，名言警句依然是书上的，一切都没有引起什么共鸣。无非只是睡前的咖啡因，一觉醒来，依然什么都没有。

越是条件好资源多的状态下，越要苛刻地对待自己，假想自己在一无所有的地方遇到正在面临的问题，应该如何自己为自己打鸡血，而不是依赖他人。当我们的心情和态度开始慢慢发生变化，很多负面的问题才会悄然转身，露出温柔的微笑。

# 放松一点，快乐
并不是一件奢侈品

我从初中开始，就成为了一个好胜心很强，也很追求结果的人。那时候的原因很简单，我想让父母注意到我。

小学的时光过得很美好，我至今能想起来的就是和一帮女孩子跳皮筋，和小两岁的堂妹斗斗嘴，也会和男孩子们去田野里抓泥鳅，难过了会离家出走，也会躲在附近的竹林里大声哭。

情绪来得很快，但也去得快。所以现在我能感知到的是，那时的我应该是很快乐的。

我从小并没有和父母住在一起，这让后来的我多少有点在意家庭的相处。前段时间一直有人提到原生家庭的事情，我也发现，一个家庭其实对孩子的影响是十分深刻的，特别是在童年时期。

也许因为小时候很少见到父母，初中和父母在一起后，莫名地就很想成为他们的骄傲。

而那时能带给他们最大的荣耀就是我的成绩。于是我就很努力很拼命地学习，可以毫不夸张地说，初中那段时间是我这二十多年来最认真的几年。

因为很在乎成绩，自己的心态会变得不平和，我总是很计较得失，也很在意别人的眼光。

如果某一门期中考试因为一念之差损失了很多分，回家后我就会特别难受，甚至把自己一个人关在房间里，晚上无论父母如何安慰我，都不会允许自己吃饭。

我也很在意老师的目光，那时候就是属于那种在课堂上会特别积极发言的人，老师的问题都会很认真地回答，就算有时回答错了，也会课后跑去向老师请教。

当然，我也变得喜欢挑朋友结交。

为了让自己能够更快提升成绩，我课后总是会和那些原本底子就特别好的人玩在一起，渐渐的，我的朋友圈从原来打闹玩耍的人变成了学霸级别的人。

至今我都非常后悔的一件事，是我把小学时特别好的玩伴写给我的一封信交给了我妈，然后她告诉我，别和这个女孩再在一起，她会影响你学习。

似乎在很多中国家长的眼里，那些不爱学习，整天游手好闲的孩子都是坏孩子，只有那些成绩好，爱看书的人才是好榜样。

直到后来我的心智逐渐成熟，我才知道，那时候我的那种行为对于一个用心待你的人来说，是件多么寒心的事。

可笑的是，那时候我还真的很畏惧我儿时的好友，怕她会带坏我，所以见到她都会离她远点。

我把所有的时间都放在了学习上，作业完成后，我做习题册，如果还有空闲的时间我就开始看老师要求看的那些名著。因为很难有可以聊天的朋友，我把心事都写进了日记。有次无意间翻看到那时的日记本，入眼的文字都是很阴暗的，甚至是伤害自己的。

"你今天又颓废了，怎么就那么喜欢和别人玩呢？如果明天再没有把这本习题册做完，你期末的名次肯定又要落后了。""明明不开心也要假装很开心吗？你一个人走回家，那么冷冰冰的冬天，难受早就没了，剩下的是麻木。"

"别再跳舞了，它只会浪费你的时间，这次考试很重要，我希望你好好把握！"

"If you don't work hard, go to die."

我觉得很幸运的是，这一路走来，我没有变得越来越极端，反而是越来越能够安抚自己，慢慢寻找自己最想要的生活状态，寻找快乐。

我知道，也许别人的夸耀和荣誉对于我和你来说，都很重要。也对，我们一直都是活在别人的期许下的，你之所以不快乐，无非就是你永远不能让欲望获得满足。

而你曾经快乐的时光，那也只是短暂的实现别人期许的时候。过了之后，你又要面临另一个更高的期许和荣耀。

这就好比，有钱的人永远嫌钱少，有权的人永远渴望更大的权力，欲望像个雪球，越滚越大，而你那弱小的身体根本支撑不住这样的东西。

到最后，它也许像黑洞一样吸食你的精魂，让你永远在一线光明和永久黑暗里徘徊。你不会真正地快乐。

有个姑娘跟我说，她一直都觉得，快乐是一件奢侈品，生活的常态无非就是日子一天比一天难过。虽然看起来一切都很好，在知名的学校上热门的专业，家人也都安好，她也很有上进心。但总觉得自己努力了也得不到褒奖，付出了也总是被遗忘，那些快乐对于她来说就像是远处的灯光，而她却一直在黑暗里徘徊。

但其实，生活并没有那么难过，难过的往往是我们的内心，以及我们对待生活的态度。

当你能够从内心接纳快乐，而不是从外部获得你的快乐，那你的生活也会变得有滋有味起来。不会因为别人的不认可而难过，也不会因为自己付出努力没有回报而伤心太久，更不会觉得快乐离你很远。

那什么是内在的快乐呢？

我想给你讲一个我身边人的故事。她是我最近认识的一个人，最近刚荣升为母亲，怀了六个月大的宝宝。

我很喜欢她的生活状态，翻看她的朋友圈，那是活得很有品位的人。

她平常的工作很忙碌，但是因为喜欢烹饪，她经常会在周末无聊的时候做上一顿丰盛的午餐，然后叫上有时间的好友一起尝尝她的手艺。

她只要有空，一定会去花店买上一束雏菊，用从国外淘回来的器皿装盛，摆在客厅里，然后放上一段音乐，躺在沙发上看书。如果得空，她会约上好友去看一场话剧，穿上刚买的漂亮裙子，画一个美美的妆。

她喜欢画素描，有时会花一晚上的时间画一幅画，然后从网上买回来框架裱起来挂在房间的某个位置。

最近，她做得最多的一件事就是给自己未来的宝宝写日记，那本日记本上有很多可爱的图案，也有很有趣的对白。

她是个会自我寻找快乐的人，不需要通过别人来寻求她的快乐，很多时候都是她在主导自己的情绪。

自然也是会有难过的时候，但大多数时候都会通过适当的方式排遣出去，实在忍不了就会向亲近的人诉说，然后又变成自我生长的小太阳。

也许你看到这里，会觉得那是因为她的生活已经是稳定的，有工作，有家庭，有孩子。可是我们的生活何尝不是稳定的。

如果你是大学生，你主要的目的是学习。但学习，甚至还有社团和比赛并不是你生活的全部。你没有想过，并不是你不能获得快乐，而是你自己把自己逼到了黑暗的角落里。

那里只有猜疑和否定，只有伪装和好强，只有往上爬和不允许自己颓废。

你在这个社会喝了太多的鸡汤和正能量，也知道了只有靠自己努力才能获得自己想要的那些物质。可生活的本质，除了生存和名利，还有态度。

你对生活是什么样的态度，它自然也会回敬你什么样的状态。

你希望你获得的是夸赞和荣耀，还有别人的认可，那它一定会只给你这些东西。而这些东西不是一时就能得到的，你必须付出很多的努力，甚至有时付出了也不会有任何回馈。

因为想要这些的人太多了，你的实力也许比不上别人。

想要而不能得到，自然会产生失落感和不快乐感。而你所追求的那些东西，注定是会让你始终处于无法满足自我的状态，即使你也许在别人眼里已经是很厉害的人，你依然不会快乐。

就像饕餮永远也吃不饱，而那些半饱的人才会在下次遇见美食时，真正享受那份快乐。

其实现在的我也一样，处于内在和外在的平衡状态，我会允许自己放松，也会告诫自己不能太放松。只是，我还会告诉自己，别再一味追求别人眼里的那些东西了，你不小了，是时候学着为自己选择好玩的东西，做自己想做的事，挑自己舒服的朋友。

别总觉得社会现实，现实的根本就不是社会，而是你自己的心态。追逐成功久了，就会容易忘记你是谁。就好像夸父一直在逐日，到最后他也就只剩下太阳了。

这个世界不只有成功学，还有一个叫做幸福学。而我们终其一生追求的不应该仅仅是成功，而是这一生的幸福才对。幸福并不只是房子，车子，金钱，地位和荣耀，还应该是发自内心的舒畅和笑容。

别再说快乐是一件奢侈品，我们都该学着放松一点，让快乐慢慢靠近，别抗拒，也别躲避，学着快乐并不是一件罪恶的事。你那么美好，并不适合黑暗。

# [ 遵从自己的内心，
活在真实里 ]

## [ 1 ]

上周在南京出差，深夜拖着疲惫去跟朋友见面，畅谈至凌晨两点。回到酒店已近三点，同屋的同事竟还未睡，点根烟，对着65层下的旧都夜景发呆。他非健谈之人，光头，一副艺术家模样，气质有天然的冷漠，之前交往无非公事，更无多话。不知道怎么提到了当今青年人的心态和选择，竟就聊起来，再也收不住。

他18岁出来闯荡，没念过大学，今年38岁，是一本著名杂志的设计总监。如果这是一个老套的励志故事，我可能再无兴趣听下去。但他说，我不知道你们这代人是怎么想的，我反感几零后几零后的区分和标签，我跟很多自己的同龄人聊不来。人是靠价值相互认同的，而不是年龄。现在你们这代人看上去都挺急，房子、车子、票子，但就是你们同龄人，也不全是这么想的吧？我点头。他继续道，其实，每一代人都有自己的苦闷，真的，都是这么过来的。两年前我才有了自己的房子，今年儿子两岁了。我觉得一切挺好。25岁时我在一家体制内单位工作，已有七八年工作经验，待不下去了，要走。领导请我喝酒。他一口闷了一杯酒，跟我说，你还年轻，别想那么多，别着急，做该做的事。就这一句话，我受用至今。我年轻时爱玩、浮躁，总有各种诱惑扑过来。我就记着老领导这句话，其他都不想，就做自己的事，一晃眼就到现在了。他继续道，你要说奋斗什么的，我从来没有，就是一步步来。房子、车子这些东西，说真的，只要你不傻不笨，踏实做该做的事，到时间都会有的，不可能没有。别去想它。别去管别人怎么做，相信自己的判断。守得住，慢慢来。

他说，守得住，慢慢来。

一个月前，我刚来，抱回家十几本往期杂志。匆匆翻完，绝望地陷进沙发里，给老师发短信：文章何时能写过四大主笔啊？差距不是一丁半点。他回，别急，你年轻。我说，我都24岁了，还看不到一点希望。他回，才24岁。我们最年轻的也30出头了，别急。

才24岁。他连说两次，别急。

李笑来在《把时间当作朋友》里写，我们总是对短期收益期望过高，却对长期收益期望过低。

他指英语，也说人生。

说来说去，还是急。

[ 2 ]

有人说，你想成为什么样的人，就到那个人身边去。并不是每个人都有这样的幸运，但这句话或不只关乎职业生涯，也关乎生活智慧。人们容易放大眼前的痛苦或成就，跟年长却开明的前辈交流，他们一望便知你正经历怎样的阶段，现在绊倒你的，不过是一颗螺丝钉；你愁肠百转看不穿的，或许是他们也曾有过的迷茫。

在18岁-23岁那段时间，我很没出息地爱翻阅名人履历。每知晓一个佩服、羡慕嫉妒恨的人，便去搜寻他的经历——几岁硕士毕业？何时修完的博士？多大年龄开始在职业领域崭露头角？何时达到今日的成就？

年龄，年龄，年龄，那是一种对时间的焦虑。张爱玲一句"出名要趁早"，害了不知多少人。我反感成功学，因为显而易见，不是每个人努力都能成功，但我确信自己是幸运儿中的一个。我野心勃勃、精力充沛；我狂妄自大，对自己在外形和才华上的优势得意洋洋；我思考一切严肃的话题，阅读跟这个世界奥秘有关的书籍，向着古往今来浩瀚的文明致敬；我期待人们在出版物上阅读我的文字，在媒体上谈论我的名字；我向往声名、金钱、漂亮姑娘的长发，我反复阅读许知远《那些忧伤的年轻人》，为另一个同样骄傲的灵魂而心潮澎湃。

可我才20岁。

所有的名人书籍、讲座都告诉我，一个人要知道自己想要什么，才能做成事情。时至今日，无数同龄人的文章、微博里，在大受追捧的出版物里，还充斥着类似观点，甚至已成为带有反成功学意味、带有天然"正确性"的话语，大受"有独立思考能力"的思想青年认同。

但是，你问一个刚刚告别机械枯燥的高中生活，对世界和生活的认识刚起步的年轻人，他想要什么？他想要优异的成绩、同学间的声望、漂亮的女朋友，他还想要毕业后找到令人称羡的工作，尽快赚钱、成名、成功。

有人会问，这有问题吗？诚然，这也是"我想要什么"，但却只是模式化的流水生产线，试图把所有年轻人都打磨成一样的面孔。"想要什么"不应只关乎俗世的职业、功名，它应该切合更深层次的命题、人本身的挣扎和探索，即——我是谁？

你是谁？想拿遍大学里所有的奖学金，想过上物质丰裕的生活，想获得一个高薪的职位，想在北京四环内拥有一套自己的房子……No……你是谁？

为什么那个愿意在一切可能的物体上涂涂画画的家伙，去做了一名公司职员，只因大家都说，自由画家的生活没有稳定保障？

为什么那个立志"铁肩担道义，妙手著文章"的姑娘，进入了国企，只因父母苦口婆心地劝，记者收入不如国企高？

你是谁？我是说，剥离掉一切外界赋予你的定位和枷锁，隔离开所有父母长辈试图左右你、干涉你的声音，忘掉全部大众传媒、明星名流以及出版物曾经输出给你的价值判断，你又是谁？你躯壳之内那个砰砰乱跳、嗡嗡作响的他、她、它，是谁？

世事多舛，你来何干？

20岁出头的年纪，不知道自己想要什么，不仅不是灾难，反而可能是一件幸事。

但你一定朦胧知道自己是谁，对什么事感兴趣吧？如果连这都不知道，就真的是灾难了。

知道对什么事感兴趣，就一点点做起来吧。无论多少声音试图扭转你，说你热爱、着迷的这件事情，没钱途、没前途、没发展、没出息，都请悠悠地对他（她）说：Fuck off, this is my own life.

不为什么，因为热爱。千金难买热爱。

我曾把几年来写过的一些文章发给丹青老师看。他很高兴，回信说，文辞再沉静一些就更好了，但就这么慢慢写起来吧。他没有说，你要在笔头功夫上多努力，他日成为著名的记者、作家。我懂他的意思：你喜欢这件事，就慢慢做吧。

去哪里，不重要。

[ 3 ]

朋友问我，以后想做一个出色的记者吗？我说，不知道。他诧异，你不是混传媒圈吗？我亦诧异，为什么要在20岁出头的年纪给自己的人生下一个定义呢？定义即枷锁，即画地为牢。难道这个年纪，不应该是尽一切可能伸展自己的触角，去触摸不同的、多元的事物，感知并观察丰富、蕴藏无限可能性的世界么？

下了定义，即关上了可能性的大门。你怎知日后不会遇到更令自己好奇、亢奋的事情？你才20多岁，20多岁，20多岁。我为什么不能去做职业旅行家？为什么不能去做NGO？为什么不能在码了几年字后，突然迷上了摄影？为什么不？

阅读名人传记，好处是能藉由他者在人生关键时刻的抉择，参照自己的生活；而负面效果却可能更致命——"从小立志做一名……"。

若你回头梳理自己的人生履历，花些心思，会看到一条似乎清晰的轨迹和路线，进而"恍然大悟"：我正是循着这样的路一步步走来的，原来我从一开始就是想要成为这样的人啊。如果你写过申请学校的PS，可能有类似体验。但，这或许是欺骗性极强的"假象"——回望过去履历难免会总结、归类，拎出一条主线来并不困难。很可能，你从一开始并不是想成为这样的人，甚至并不知道自己要走怎样的路，只是迷迷糊糊地，循着兴趣走过来了。

是的，是兴趣，而不是规划——"从小立志做一名……"。

若日后我莫名其妙成了一名电游玩家，我在个人传记里也可以深情回顾"我从小就立志做一名职业电子游戏玩家"，因为我4岁开始玩电子游戏，至今仍不辍，算得上发烧友。

莫忘了，冯唐年轻时是个诗人、文艺青年，后来修了妇科博士，再后来做了咨询公司，现在又做了实业。

莫忘了，老罗直到27岁之前，还认为自己终生跟"老师"和"英语"这两个词绝缘。

我一直对"规划"二字持有戒备，所谓职业规划、人生规划，忽悠者众。

人生是靠感知的，如何规划呢？职业生涯是靠机遇和摸索的，如何设计呢？

而规划如何成功，更是无稽之谈。丹青老师28岁登上去美国的飞机时，如何规划自己此生要成为对公共领域发言的学者名流呢？他只是喜欢画画，就画，一笔笔地画；秦晖老师15岁下乡插队时，认为自己这辈子就待农村了，如何"立志成为中国思想界的标杆"呢？他只是喜欢阅读，就读，一本本地读。

如果我四五十岁时有机会受邀到年轻人中去开个讲座，一定要叫做"我的人生无规划"；如果我混得灰头土脸，在世俗意义上是个无人问津的卢瑟呢？那我就跟自己的孙子吹吹牛讲讲"无规划之人生"中好玩儿的故事呗。

[ 4 ]

如果你时常参加中国大陆的思想人文类沙龙，哦不，或就是普遍的名人讲座。在提问环节你几乎很难错过一个问题，"XX老师您好，请问您对当代年轻人有什么看法和建议？"

据一些讲演者众口一词抱怨，这几乎是最令他们反感、厌倦的问题。或许连提问者自己都很难意识到，这个愚蠢的问题潜藏着一个不易察觉的心理成因：请告诉我们如何才能像您一样成功、出人头地。

不然呢？如某位学者所言，一个年轻人恳请一个老东西教自己如何面对新鲜世界。荒唐吗？丹青老师说，爱干嘛就去干嘛，关我什么事？你们好不容易生在一个可以自由选择的时代，却还想让别人指导你该怎么活。

当真连自己喜欢做什么，该如何活都不知道么？想赢怕输罢了。该做些什么、走什么样的路，难道不是循着内心的声音一步步摸索、试错出来的吗？走岔了，就退回来；走得急，就缓一些。时不时停下来想想，望一望，琢磨琢磨，再继续走。

怎么可能不摔跟头呢？怎么可能诸事顺利呢？怎么可能有条一马平川叫做"成功"的路供你走呢？不多试错几个怎知自己跟什么样的人处得来呢？同理，不多尝试一些怎知自己喜欢什么不适合什么呢？

正如丹青老师给贾樟柯的书写序，"我们都得一步一步救自己，我靠的是一笔一笔地画画，贾樟柯靠的是一寸一寸的胶片。"

青年人的选择就如整个国家急功近利的写照，"先污染后治理"，先成功后成长，先找工作再找兴趣，先出人头地再寻找自我。某位职场中的朋友抱怨，自己在工作岗位上迷失了困惑了。不知自己到底适合这份工作吗？

我问，你到底喜欢做什么？他嗫嚅半天，说不上来。

有的明确表示，我不喜欢自己的工作。那么我该去报个拉丁舞班吗，去报个吉他班吗？

从事并非自己志趣的职业问题并不大，业余时间发展偏好就是了。但我后来才醒悟，比"不能从事自己喜欢做的事"灾难性大一百倍的，是压根"不知道自己喜欢做什么"。

黄律曾有条状态写道，"现在想想中国父母从小到大灌输的要一直读读读抓紧把书读完最好读到博士然后去工作实在是害死人，这样看起来是沉得下去的表现，其实越到后面就读得越浮躁。美国人这儿gap一年那儿gap一年，反倒更容易找到属于自己的生活。生活本来就是个沉淀的过程，急匆匆地往学位阶梯上爬干什么！"

这让我想起听来的一个故事。一个澳大利亚人，大学毕业后在半岛电视台做了三年记者，游历了欧洲，后跑去念了一个哲学一个经济学的硕士学位，又到非洲做了两年义工，等他跟我一个师姐成为名叫"人权"的硕士项目同学时，已经33岁了。我不解，他读完硕士为什么不继续读博士呢？"他在生活中发现一个新的兴趣点才跑来念一两年书，但这些兴趣的程度都没到博士那么深入，而博士研究的方向很可能是一生的志业"，师姐道。那他毕业后都35岁了，做什么呢？"他似乎还没确定"。

这似乎是一个不靠谱的反面典型。正如一些老同学对我的印象。他们一边说，羡慕你丰富多彩的生活，听完我近期打算又同情地啧啧叹道，那你留学回来都多大了？27岁。还读PHD吗？不知道。那你何时结婚？谁知道呢，30岁？也说不定念书的时候就闪婚了。你也太不靠谱了吧，我都副科了……那你留学回来能找一个多牛的工作？我说，出国未必是为了找到更好的工作，目前想从事的职业不出国留学也能做的。啊？那出国意义何在？

个人阅历、视野和自我完善。看看更大的世界，在自己身上发现更多的可能性。

这话我终究没说出口。

[5]

有没有想过，自己这辈子终究只是个平庸的小人物，所有的梦想都没能实现？

这是网络流传很广的一篇帖子。

我在南墙群里问大家。马老师说，不会的，说实话大家都是了不起的人，按照自己节奏一步步来，不会差的。

亦有友人问我。如果你终究只是个平庸的人，那些牛逼的梦想都没实现，世界也没改变丝毫，会快乐吗？

我问，温饱不愁吗？他说，那肯定，没这么惨啦。只是说，蛮普通的，可能只是一枚平平的记者编辑，在单位无甚出彩之处，月薪最高也就一万上下，交房供，养儿育女，开辆普通车。不痛苦，但也没什么光彩的生活。

娶的老婆赞吗？还不错。

家里空间是否足够让我挂幕布开投影仪踢实况？可以。

还喜欢足球，喜欢阅读，喜欢年轻时喜欢的一切东西？是的。

时而三五好友，烤串啤酒，把酒言欢；时而周六周日，球场相见？是的。

快乐。

他看着我的眼睛。快乐。我点点头。

不久前去东北旅行，路途感触最深的莫过于导游、乘务员、售货员的差别。你会轻易地发现，性格将人与人彻底区别开来。

我们遇到过热情健谈、跟大家打成一片的导游，也遇到过黑着脸像客人欠她钱一样，没问两句就不耐烦的导游；遇到过如一切常见的公务人员般恶狠狠的乘务员，也遇到过穿着制服坐车厢里跟乘客扯淡逗乐的乘务员。

如果你是一名普通的导游、乘务员，你会如何对待你的客人？考虑到这是日后再也不会打交道的"一锤子买卖"，何况也很少有人真正有闲心去投诉你恶劣的服务态度。

考虑到，你完美的服务态度很可能无法给你带来任何实质性的好处，除了客人的一声感谢，一张笑脸。所在单位无法注意到你的"优良表现"，你表现好不会被升迁，表现差也很难被辞退——在中国，那个对客人态度恶劣屡遭投诉的可能反而讨领导喜欢，比你升迁更快。你懂的。

总而言之，你的服务态度无法对你的现实生活带来任何可见的好处，你此生都会是一名普通的导游、乘务员、售货员。你会如何做？

是的，或许你终生都只是一个平庸的人，但态度依然会带来生活质量的云泥之别。你热爱生活和工作，真诚地感知、理解、善待他人，或许未曾给你的生活带来任何有形的回报和改观，却软化了你与内心、世界的边界。你不断接收到来自他者的正面回馈（感谢、笑脸、善意），再不断释放出正面能量，形成良性循环。

我很长一段时间都会记得那个导游、那名乘务员、那名售货员的热情、爽朗和笑脸。想起来都是暖意。

他们或许此生都是导游、乘务员、售货员，也很难有何升迁，但从他们的工作态度里，我读出了真正的快乐。

做一件喜欢的事难道不是做这件事最好的回报吗？正如写作是写作的回报，画画是画画的酬劳。

## [6]

我曾经很喜欢一个朋友的签名档，"成为更好的人"。

这句不疾不徐却又溢满坚定的话，曾无数次给我力量。

如今，我却感觉这句话充斥着"更高、更快、更强"的进步论腔调，在铺天盖地的励志话语中，我偏偏爱上了"毁志"。我更喜欢用"感知"这个词。或许我们并不能创造生活、规划人生，或许，体味、经历、感知、理解，这才是成长的密匙？

成为更好的人？如果今天陪母亲坐在太阳下聊了一下午天，漫无目的的，童年、成长、家庭琐事，有没有成为更好的人？如果今天没有读维特根斯坦的传记，没有跟进韩寒最新的博客，没有刷新微博，只是给自己做了一顿可口的饭菜，躺在恋人的臂弯里发呆，算不算荒废生命？

这一代中国年轻人可能面临着某种吊诡的自我矛盾，一方面，我们是前所未有早衰的一代，"十八岁开始苍老"，二十岁开始怀旧，尽管仍在青春，"你爱谈天我爱笑"的时光竟成了一代人的集体乡愁；另一方面，我们拼命地想要向前奔跑，想要稳定、无虑的生活，想要拥抱住某种确定感，焦虑着，想要立即像三四十岁的人那样，车房不缺，事业成功。

你，你，你，

真的享受年轻吗？为何你一边怀旧一边还在努力奔跑？

你，你，你。

真的热爱冒险和漂泊吗？为什么将理想纳给稳定和房产证做投名状？

你，你，你，

真的珍惜可能性吗？为何我看到你宁肯早衰也要拥抱"生活的终结"？

生活更美好的可能性，难道不在于这缓缓经历的一步步、默默感知的一天天，而在于未来的宏大勾画？

结婚的，添子的，升副科级的，做小经理的，博士毕业的，买房买车的，走得好快。我曾经焦虑过，后来发现，那不是我的节奏。我是慢吞吞的一头牛。如果方向错了，就会兜大圈子，如果方向对了，就不怕慢。

一步步，一寸寸，一点点，一天天，慢慢来。

我不知道自己最终要去哪，还在一边晃悠一边张望，走一步停一下，摸摸这个碰碰那个，试图去感知、观察、理解这个世界。新鲜好奇着呢。但我确定，我只会走自己想走的林荫道；我确定，我会像哈维尔说的那样，遵从自己的内心，活在真实里。

# 找到属于自己的天空，
# 便能展翅高飞

## [ 1 ]

经常有读者请我帮他们解决烦恼，而有些烦恼，根本无解。

比如婆媳矛盾、家庭矛盾；在公司有一个烦人的同事；或者身材不好，易胖体型，对外形缺乏自信等等。

任何一个轻率的建议，都不可能解决你的问题，相反，可能增加你的烦恼，让你对自己失去信心与耐心。

比如婆媳关系，很多人给出的建议是跟婆婆分开住，不要她帮忙做家务带孩子。然而随之而来的问题是，你们的收入能不能承受一个人全职回家或者请保姆；即使经济上压力不大，全职回家对于女性而言，也是风险较大的选择；另外，万一保姆比婆婆还烦人怎么办？

比如很讨厌的同事，他们往往混得比你春风得意（如果混得比你差，你早想开了），你肯定是看不上他又灭不了他。至于跟他学，效果往往是东施效颦，更解决不了问题。

又比如身材不好。虽然穿搭心机能够解决部分问题，但我发现苦恼于自己身材不好的女生，都有一个特点，就是不甘于把某一类适合自己的穿搭进行到底，很喜欢挑战不能驾驭的风格。

生而为人，有些烦恼可以解决，但更多的烦恼，其实与我们的呼吸一样，无法解决。它就在那儿，像一只只小爬虫，伤不了人，却总让你不舒服。对这些解决不了的烦恼怎么办？

答案很简单，你可以跨越它。

[ 2 ]

过去有个大户人家，一家人都在抱怨新厨子做饭不好吃，只有这家的老爷，顿顿开心吃三大碗饭。家人以为他口味独特。姨太太实在忍不了，跟老爷商量能不能换个厨师。老爷说随你们啦，我哪有工夫关心厨师做饭好不好吃。

原来，老爷并不是觉得厨师做饭好吃，而是他胸怀天下，眼睛看向远处，根本顾不上饭好不好吃。

为什么有些东西，在有人眼里是天大的烦恼，有人眼里就是空无一物？你所关注的东西、所身处的世界，决定了那些小烦恼能不能入你的眼、入你的心。

我的一个朋友，在国内读书时天天为自己的身材发愁，几乎抑郁了。她让我明白有一类人，是减肥天敌、肥胖伴侣。本身骨架大，无论怎么努力，都成不了瘦子，卧薪尝胆勉强脱离了微胖界，一不留神吃了几顿饱饭，又回去了。

本科毕业后，她去美国读研。在美国，她买的是S码衣服，运气好的话，连XS码都能穿了。忽然有了一种天宽地大的感觉。

加上她读社工专业，频繁参加美国社区救助活动，接触单身妈妈、单亲家庭的孩子，帮助他们走出心理阴影。她的舞台越来越大，再见面时，虽然还是胖，但身材已经不是事儿。甚至我看她都没什么个人烦恼了，嘴里念叨的都是宏大的社会学课题。

她变得豁达了，并不是她努力克服了自己的狭隘，而是她的舞台变大了，烦恼自然就变小了。

[ 3 ]

如果你的烦恼特别多，一定不是因为你的运气特别差，而是因为你的世界太小，舞台太窄，你关注的只有眼前的一亩三分地，而这上面，特别容易滋生那些属于生活本身的、无法治愈的疑难杂症。

所以我从不主张单纯地由烦恼入手，去解决烦恼。烦恼就是我们生活本身，唯一的解决之道是你站在什么样的维度去看它。

我女儿学钢琴，有一些曲子，她很努力也弹不好，十分苦恼，觉得自信心受打击。我告诉她，你只管向前走，等你弹过更多的曲子，再回头看这些，都不是事儿了。

这一招对女儿非常有效。每当她感觉受到了挫折，就会自我安慰：等我学完第二本书，第一本书就变简单了。

放眼未来，让女儿小小的世界变大了。她大约也慢慢开始明白，眼前解决不了的烦恼，放置于一个更长的时间段、更广大的成长空间，烦恼自己消失了。


[ 4 ]

为什么同事之间人际关系的烦恼，可以压垮一些人，而对另外一些人却完全没有杀伤力？

因为后者关注的不是今天谁说了什么，而是公司的发展、自己的未来。他们脑袋里想的是明天该去上什么课，下个月要报一个什么样的培训班，年底的出境游能不能抢到便宜的机票，5年后的自己会在哪里……

当一个人的内心有一片草原，头顶有一片天空，就不会在乎谁拿了自己的仨瓜俩枣。

人生都是烦恼的。不在于你遇到了什么，而是你的格局决定了你怎样看待那些烦恼，能不能无视与放下。

所以，解决烦心事的根本，不在于换一家公司、清理周围不喜欢的人与事，而在于培育自己的草原，找到自己的天空。

# 这么努力，是为了享受时的心安理得

## [ 1 ]

几个月前，我曾在网上看到这样一个帖子，令我感慨良多。

一个33岁的男人突然失业了，他不知道如何向家里人交代。所以每天早晨依然8点不到准时穿着西装拎着公文包出门。

他不知道去哪里，就从地铁的起点站坐到终点站这样循环往复几个来回。

好不容易熬到了中午，再去便利店买份盒饭坐在步行街的长椅上匆匆吃完。下午带着简历四处找工作，等到用人单位都下班了再去书店逛逛，挨到7点以后才能回家。

现在就业形势如此严峻，他也没有过高的学历，强硬的专业技能或者强大的背景人脉，在短时间内找到一份理想的工作谈何容易？可是面对身后指望他赚钱养家的妻儿，他实在是没有勇气说一句：我失业了。

## [ 2 ]

前几天，我的闺蜜桃子，一个单身妈妈在刚带生病的儿子迈出医院的深夜发表了这样一篇文章，令我潸然泪下。

"三十年初，即将奔四，婚姻失败，事业起步，孩子尚小，前路未明……那些曾经的梦想，不肯放手的事业，都将为了你的日子里必须有我，而变得越来越不重要！"

"我曾是一个叛逆的女儿，所以我的爹娘都叫我儿子。"

"我曾是一个不安分的妻子，整天梦想着跟男人们三分天下。"

"但我愿意为了儿子，放弃这一切。什么是母爱的最高等级？一个单身母亲的父爱算不算？我一直努力做好母亲的角色，直到那个人离开，为娘变成'伪娘'，我才意识到所谓'母爱'不过就是一场原地变性！"

"但是儿子，我愿意为你！"

一路走来，我深知她的不容易。一个人操持一个家，既要拼搏事业，又要养家带娃。为了给儿子更好的教育和资源，她从知名互联网公司辞职后，自立门户开始创业。

作为一个年轻的，需要照顾孩子的女CEO，她的创业之路走得举步维艰。

上次我们都去北京出差，匆匆碰了一面。她说想要在儿子上小学前，把公司做上正轨然后搬到北京去，那里有最好的行业资源，更重要的是：有更好的教育环境！

"我要给我儿子最好的教育和生活，这就是我奋斗的全部意义！"

认识桃子这些年，我看着她一点一点苍老了许多，特别是离婚以后。但是那一刻，她的眼里迸发出了我从未见过的光芒。

[ 3 ]

前几天，十几年的老同学突然吞吞吐吐地说："你可不可以借我一万块钱，我发了工资就还你。这个月开销实在太大了，我已经还不起房贷了。"

我二话不说给他转了过去。

我们19岁左右整天没心没肺一块儿泡吧的场景还历历在目，不过7年光景，大家就变成了需要为房贷车贷奔波劳碌的成年人。

那会儿他老想着怎么骗他爸一点钱给女朋友买礼物或者去旅行。什么谎称去新东方报了个口语班，骗家里说学校组织去外地采风这种慌都撒过。可这种吃喝不愁，每天想着法子要钱玩乐的好日子过了还不到两年，他爸就去世了。

从那以后，他仿佛变了一个人。完全不见从前纨绔子弟的踪影，变成了一个内敛，寡言，勤勉的人。他的母亲一辈子都没上过班，却过惯了阔太的生活。父亲去世后，他才发现公司欠下了许多外债。

这些年积攒的所有家底用来还清债务后，只剩下爷爷留给他的一套三环外的小房子，连一辆可以用来代步的车都不剩了。当初你侬我侬的漂亮女友，很快便离开了他。

他从大三开始辍学，跟着父亲生前的挚友从基层做起，一点点积累资本，现如今又带着妈妈搬回了市中心，又回到了她熟悉的商场，美容院，麻将馆。

后来遇到了一个跟他同甘共苦的好姑娘，刚准备买房结婚，武汉的房价猝不及防地涨了个翻番。

跟我同龄的他，不得不拆东墙补西墙地还贷款，另外还要负担母亲的基本生活，甚是不易！生活把这个曾经只知泡吧喝酒打游戏泡妞的小男孩逼成了一个独自撑起一个家的男人。

每当我问他，这些年是如何坚持下来的。他都会告诉我：

"我根本来不及想这些，所有人都指望着我，我却没有一个可以依赖的人。父亲去世的这些年我一刻也不敢松懈，因为我垮了，这个家也就垮了！"

我的母亲指望着我，我的妻子指望着我，还有将来的孩子，我不能让他出生在一个匮乏的家庭。我小时候拥有的，他都要有！

或许他的故事是个残忍的特例，但是30岁左右的我们，父母也都到了退休的年龄。他们的收入和资源会越来越少，家庭的开销会越来越大，所有的重担不可避免地落到了我们身上。

[ 4 ]

曾经我觉得，什么买房买车还贷款交保险费物业费，这些都是"大人的事情"和我没有任何关系，现如今是我在安排着父母的退休旅行，我在还车贷买理财，我在到处看房子找一个适合投资的楼盘。

不知不觉中，我们已经成为那个顶天立地的"大人"，为我们的父母儿女操持着曾离我们很遥远的"大人的事情。"

"成年"并不是18岁，也不是20岁。

它不是任何一个具体的时间点或者时间段。而是当你有了责任感的那一刻，你才是一个合格的成年人。

对家庭的责任，对公司的责任，对战友的责任，对社会的责任。做好了独挑大梁的准备，拥有了可以对所有结果负责的底气。具备了这些，你才由一个不知愁的少年，成长为一个顶天立地的青年人。

成长总是伴随着惶恐不安，习惯于心安理得的人则永远都不会长大。

当你心安理得地享受着父辈打拼的一切，你就不会去开拓进取，让你的孩子成长在更好的环境里。

当你心安理得地拿着父母补贴你的奶粉钱，你永远不会奋发图强，为了他们幸福的晚年做些什么。

只有那份不进则退的焦虑，生怕子欲养而亲不待的惶恐，害怕赚钱能力追不上货币贬值的不安才是最催人奋进的皮鞭！

## [ 5 ]

一直以来，我都是一个独立的姑娘。

大学阶段就可以靠自己打工的钱四处旅行了，当别的姑娘还在祈求生日那天父母会送一只名牌包给自己的时候，我已经创业3年了，并且在这3年里，我妈每年生日都会收到我送的一只名牌包。

我曾为我的独立而感到骄傲，觉得在我这个年纪可以买下自己所有喜欢的奢侈品是一件特别牛的事。但是，我现在思考的更多的却是：如果这些年不那么挥霍，或许我已经在房价疯长前买下一个小房子了。

我很感谢我的父母，给我提供了优渥的成长环境，让我不用担心什么车子房子。正是因为没有这样的压力，我才会花那么多钱在没有意义的地方。现如今，我却认为能够"独善其身"只是最低要求，没有任何值得骄傲的地方。

可以让你的父母在有生之年，生活品质，居住环境得到一个跨界级的飞越才是一个合格的子女应有的追求。

不求"兼济天下"，至少是"独善其家"吧！你是一个家庭的中流砥柱，你要考虑的已经不再是买一只香奈儿还是爱马仕的问题。

而是什么时候才能有闲有钱带父母出去看看世界，如果他们生病了你的经济实力能否负担得起最好的医疗，5年内买个"临湖豪宅"给他们养老的话，你每年要存多少钱？

## [ 6 ]

我承认，这些问题常常逼得我彻夜难眠。

父母一天天老去，你还剩多少时间去成功？

将来结婚生子，你又拿什么给孩子最好的教育和生活？每每想到这些，我就深刻意识到他说的那句话：所有人都在指望着你，你却没有一个可以依赖的人。

这种危机感，不是那个"隐瞒失业的男人"，不是桃子，不是我同学，或者我所特有的。而是我们这个时代的青年人所共同面对的集体危机。这种危机感往往使你变得沉默和焦虑，但同样使你变得坚强和果敢！

青年危机不是一场瘟疫，它更像一场绵延的低烧。

暂时的头痛和乏力会让你感到无助与痛苦，但是挺过去后，你的免疫系统会更加强大！毕竟，混吃等死碌碌无为的人永远都不会有危机感！

青年危机，是这个时代最优秀青年人共有的焦虑！

"惊涛骇浪从未想过缴械投降，伤疤是亲手佩戴的骄傲勋章！"

愿我们终能战胜焦虑，迎难而上。

# 别看了，你现在
# 拥有的难道很差吗

曾经深爱的两个人为什么会分手？

我想大抵是这样，陷入热恋中人们往往会忽略甚至美化对方的缺点，然而激情退却后，理智回归，我们开始慢慢审视对方身上的缺点，再与当初想象中的美好相比较，不免惊叹相差甚远。于是很多人开始慢慢失望，会感到委屈，总觉得自己值得拥有更好的人，也坚定不移地认为，下一个，一定会更好！可是亲爱的，听我一言，下一个不见得会更好。

当年决定嫁给孩子她爸时，几乎全世界的人都是反对的。亲朋好友们苦口婆心劝说我："你值得拥有更好的人！""分了吧！下一个，一定会更好！"每每此时，我都一脸平静地问他们："什么是更好的？"大家几乎都不约而同脱口而出："有车有房啊！"我笑了，"我俩如此努力上进，房子和车是迟早的事情嘛！"大家还是不甘心，生怕我被所谓的爱情冲昏头脑，蒙蔽双眼，于是继续游说我："你看他身上多少缺点！他脾气暴躁，他对你不够温柔体贴，他成熟不足幼稚有余，他不顾家……"我又笑了："他的这些缺点我都知道，但那又怎样？我也不完美啊。"是的，我又不是零缺点无瑕疵的完美小姐，怎能奢望会遇到一个完美先生呢。我从不认为，下一个会更好，因为不想错过以后，再用一辈子来悔恨和怀念，所以，我一直坚信，我所拥有的，就是最好的！

有这样一个故事：一次古希腊著名哲学导师苏格拉底的三个学生请教老师，怎样才能找到理想的伴侣。苏格拉底没有直接回答，却带学生们来到一片麦田。让他们每人去麦田选摘一支最大的麦穗，并规定不能走回头路，且只能摘一支。弟子们在麦田里走啊走，大麦穗见了一个又一个，但他们总以为还有更大的在前面呢！虽然弟子们也试着摘了几穗，但并不满意，便随手扔掉了。他们总想着下一个麦穗还会更大更好！于是就这样和"最大的麦穗"失之交臂，归来时两手空空。

生活中，男男女女在寻找伴侣时，总渴望找到世界上最优秀的最完美的那个人，他们固执地认为，最好的还在后面，下一个一定会更好！可是，谁又知道站在你眼前的人儿是不是最合适的那个呢？很多人就因为挑剔和错过，才沦为了剩男剩女。当然，追求优秀完美的伴侣并没错，只是我们应该清楚地认识到：只有我们自己足够好，足够优秀，才值得拥有更好更优秀的人，况且这世界上本来就没有完美无缺的人。所以珍惜自己所拥有，这才是实实在在的。

对于眼前人，且行且珍惜，下一个不见得会更好，明明很简单的道理，我们到底被什么迷惑了心智呢？或许是因为，我们总是能准确无误地指出对方身上的缺点，却往往忽略自己身上的缺点。我们总是嫌弃自己的另一半不够称心如意。外貌出众的，会招蜂引蝶；长相一般的，拿不出手，还对不起自己的眼睛；事业心太强能赚钱的，不够顾家；温柔体贴顾家的，能力又太差；饱腹诗书，才华横溢，男的风流，女的矫情；肚子里墨水不多的，又没有共同语言……我们在要求对方足够优秀的同时，有没有想过，自己是否足够好呢？如果我们总是习惯性揪着对方的缺点不放，而不反省自己，怎么可能会遇到更好的人。

我相信无论是恋爱还是结婚，起初两个人都是朝着佳话去的，只是过着过着就成了怨偶。如果不能清醒地认识对方和自己，还总觉得下一个会更好，那二人的感情自然会慢慢画上了句号，最终劳燕分飞。我想下一个不一定会更好，因为我们每个人总有犯贱的心理，总以为得不到的才是最好的，失去的自然更是最难以忘怀的，即使那个人曾经遭尽嫌弃，可一旦失去，便成了遗憾！于是，分开之后，遗忘之前，不仅新欢不够好，我们过得更不好。

想起一个最近刚刚离婚的朋友，离婚的理由是中国古往今来婚姻关系的最大矛盾——婆媳不和。朋友受够了夹板气，然后一怒之下离了婚。可事情没有那么简单，婆媳关系在中国乃是历史性难题，除非俩人真的水火不容，天天掐架，否则不会走到离婚这一步。果不其然，离婚后没多久，觊觎已久的小三就上位了。而新媳妇和婆婆的关系照样糟得一塌糊涂，甚至不如从前。当然，现在婆婆也叫苦不迭，和现在年轻貌美的狐狸精比起来，前儿媳简直就是观世音转世。

离婚后，朋友一直处于悔恨中，他埋怨母亲天天在耳边叨叨自己媳妇的不是，还常说什么就凭咱这条件，多少年轻貌美的姑娘都赶着嫁，为啥要受这委屈，离吧，离吧，再找一个更好的。在老妈的"循循善诱"下，朋友眼里都是媳妇的缺点，同时他也完全忽略了自身的毛病，潜意识中还以为自己就是完美先生，肯定值得拥有更好的伴侣。这便使得年轻貌美贪图富贵的小三有了可乘之机。

只是他似乎忘了，前妻身上那些令他难以忍受的缺点，曾经是深深吸引他，令他沉醉着迷的优点。婆媳关系不和这种事，一巴掌拍不响，问题不可能都出在媳妇一个人身上。究其本因，还是作为一个男人却没能调和好这中间的种种纷争，他的生活被搅扰得鸡飞狗跳，一地鸡毛的生活使他迷了心智，没有看清楚问题的关键所在。

朋友原以为，下一个会更好，谁曾想，新欢却远不及原配，于是不可控制地，他开始怀念起前妻的种种好。新嫁过来的姑娘过得也不好，而且她不好，也不想老公和婆婆过得好，拉来父母为自己助战，将本该简单的家庭内部矛盾激化成敌我外部矛盾。

看吧，真实的生活远比电视剧狗血，但再狗血的剧情，都会有终结的一天，每个人的精力都很有限，他们终将会对消耗精力的感情游戏感到疲倦。其实有些故事，一开始就能看到结局。譬如，那个朋友，居然幻想换个老婆就能缓和婆媳关系。插足的小三何等人也？明知道，当小三拆散别人家庭，会让自己的父母蒙羞，还照样为达目的不择手段。连自己的父母都不心疼的人，你还奢望她会真心对待自己的父母，简直是痴人说梦。

离婚远比恋爱时的分手更具沧桑感，甚至有时还会带着烙印般支离破碎的伤痛，特别是在有了孩子之后。离开本身就是一件让人难过的事，恋爱时，受了伤，我们可以擦干眼泪，努力挤出一丝微笑，对自己说，没关系，下一个会更好。再花上几年的时光为自己疗情伤，把对方尘封在记忆里，时不时拿出来缅怀刺激下现任。然而结婚，有了孩子以后的离开，却往往会伤及无辜，不仅是两家的父母，更伤了自己的孩子。所以，我们不能再像年轻时候那么任性，那么不负责，那么潇洒地说："下一个一定会更好。"

无论是爱情还是婚姻，都是越简单越幸福。如果你经历的太多了，就会麻木；分离多了，会习惯；恋人换多了，会厌倦；到最后你会发现，下一个，不一定会更好。不要总是认为后面还有更好的，其实现在拥有的就是最好的。珍惜眼前人，且行且珍惜。

如果你还是固执地认为下一个会更好，

就请照一照镜子，

查查银行卡的余额，

想想那些遗失的美好，

看看身边那些不幸的人，

最后，

问问身边那些幸福的人们。

# [ 不用非和自己过不去 ]

　　和朋友吵架，你要求自己先去和好；被上司欺负，你还要求自己面带微笑。你说你不坚强，软弱给谁看？可是，你有没有发现，你的朋友都开始以为你大方宽容心地善良，却也因为这样，她们可以迟到爽约任性霸道，你却不可以有一点点不耐烦。这样才是你，被贴上好人标签的你，不会发脾气的你，人人说你好却人人都不在意的你。

　　你的上司没有因为你的好态度而赏识你，反而变本加厉——被压迫都能面带笑容，说明压力还不够，年轻人总该挑点重担，才能进步，所以别人偷懒翘班假公济私，你却不能出一点点差错。这样才是你，积极向上的你，勇往直前的你，工作做最多表扬得最少的你。

　　习惯了这样的你，在爱情上也是如此。全心全意地爱上一个人，只知道掏心掏肺地对他好。下雨了，不需要他来接送，生气了不需要他来哄。什么困难什么挫折什么小小难过，你都可以自己一个人扛。你以为这样的你聪明睿智独立优雅，没想到最后男人移情别恋，对你弃若敝屣。他说：永远不发脾气的女人就像白开水，解渴，却无味。你那么坚强，他在不在都一样。

　　即使是这样，你也不肯垮掉。你不向任何人诉苦，不大哭大闹，甚至不开口挽留。你潇洒地转身，华丽地走掉。直到一个人时才允许自己有些许的放松，可就算是一个人，你也鼓励自己，未来可以更好。

　　这个时候其实你需要朋友，但是在朋友眼中你一直是什么都懂什么都可以解决的人。你还没来得及说说自己受到的伤和痛，就先去为别人失恋暗恋错恋出主意想办法。朋友们都雨过天晴转哭为笑才想起来问问你怎么了，你却顿了顿，然后说什么事情都没有。于是最后，你终于成为一个无所不能的女人，阳光外向充满正能量，但是内心孤独。

只是一部电影，你看了为什么沉默？

最边上那对情侣靠在一起，女人在流泪，男人忙着递上纸巾，多和谐的画面！第三排那两个女孩，一起哭一起笑，青春多好！你看看自己周围空着的座位，发现自己像一座孤岛。你试着挤挤眼泪，却发现哭也是一种习惯，因为太久不哭，想哭的时候竟然哭不出来。你是那场电影里唯一看上去无动于衷的人，或许你心里也有小小的悲哀，只是没人看得出来。

你走在马路上，冬天的雪花像撕碎的情书，砸在人头上。所有人都行色匆匆，因为有一个方向叫作家。你为什么不着急？没人等待的家，就没有吸引力吗？"一个人也可以快乐"，书上这样说。可书里都是骗人的。一个人，只会让寂寞吞噬掉快乐。

你在地铁上，被人挤被人推，你躲你闪你怒目而视，惹了一肚子气却无处发泄。你独自走夜路，一个人吃方便面，你舍不得杀死一只蚂蚁，因为它是你唯一的伙伴。

你和自己打赌，和自己比赛，和自己商量讨论，甚至吵架。你对着远处大声喊：什么都打不倒我！然后在心里偷偷想如果这时候有个人肯发现你的逞强，愿意借你个肩膀，你是不是就此承认自己的懦弱？

可你还是没有，你只是蒙上被子大睡一觉，第二天又斗志昂扬地出现在人前。这样的日子一天天重复着。一次次夜里一个人拥着已经冰冷的棉被被噩梦惊醒，一次次走在陌生的街道上不知道行程，一次次想找一个人陪伴却打不出电话……

当坚强成为一种惯性，自己都不肯原谅自己偶尔的懦弱。

不经意间就学会了演戏，演一个淡定、喜怒不形于色的女人。

有多久没有撒过一次娇？有多久没有大骂一次？有多久没有放肆任性？在这样的节制里，一天天老去。

其实大可不必。

你不是女金刚，使命也不是拯救地球，所以嬉笑怒骂都是你。你，不必做仙女。

你有权利难过、不安和哭泣，你可以示弱、痛苦和无助。打不倒的是不倒翁，而你是女人。坚强不是刚硬，而是柔韧。

没必要和自己过不去，想哭就痛痛快快哭一次，想倾诉就痛痛快快说一次，想发泄就痛痛快快闹一次。

就算撕掉了精心维系了很久的面具也无所谓，一个高高在上、完美无瑕的女人并不可爱。

做一棵树固然枝繁叶茂，可是木秀于林，风必摧之，反而做一棵草，更有春风吹又生的耐力。

# 没有谁的生活是一帆风顺的

"我快要活不下去了，我现在又穷又忙又累，我快要活！不！下！去！了！"

"可是，说真的，谁没有感觉活不下去的时候？活不下去的时候，就安慰自己，反正快活不下去了，能活几天是几天。"

一个人的故事，就是一个人的戏剧场。演到喜剧就高兴，演到悲剧也用心。

## [ 1 ]

大白昨晚加了个通宵，因为一份文案被客户倒腾了不下20遍，最后老板跟她下了死命令："如果明天交不了，你自己看着办！"

大白今年换了个工作，前段时间在一家公司当文员，后来跑出来做文案。这个老板我认识，为人纯良，给员工开出工资也爽快。说出这话，无非是真的被大白逼急了。

有一个道理大白也懂，内向的人都是深藏的火山，一旦爆发，不可收拾。

大白一个人在单位通宵，喝了5包咖啡，终于拿出了一份自觉还算像样的文案。

"我快活不下去了，这周我已经通宵两天了。问题是，我蠢笨，感觉还没有上路；没有创意，每一次都在榨干自己。还有最大的问题，通宵何时是个头。"

大白在一头"嘤嘤嘤"，我只能以曾经的"小司机"的身份安慰她："告诉你一个好消息，我也快活不下去了。"

安慰一个人的最佳方式，就是告诉他你比他还惨。真的，前一晚，我熬夜写了三篇稿子，睡觉的时候，已经不知道床的方向。

谁一年没个二三十天感觉自己活在水深火热里，随时准备下油锅。可是，那些懂得的人选择一路暴风雨，咬着牙飞奔穿越；而有些人一边抱怨，一边慢下脚步，在指指点点的痛哭中，越走越慢。

[ 2 ]

我很敬佩有一群人，一脸的坚忍，总是对生活怀着别样的坦然。他们笑的时候大声，哭的时候也大声，在最难过的时候，鼓着劲，穿越人潮汹涌，然后拍拍身上一路的风霜，对自己说一句："多谢"。

其实，无论活得有多糟糕，最难的日子一定会过去。无非是今时今日之事，你总是没有办法好好过。

说一个故事，关于我的忘年交Sam。他说，如果想死，四十岁前，他都死了一百遍了。他活过来，就是他给自己的礼物。所以，我们在他面前，从来没资格提"活不下去"。

七年前，他的公司因为资金链断裂倒闭，几乎一夜之间，曾经高大威猛的老板一下子就落魄了：没有公司，没有司机，没有车子，也没有前呼后拥的员工，只有一个公文包，和还算人模狗样的自己。

在外面流浪了两天，Sam和老婆说了自己的事，老婆淡淡地回应了两个字"再见"。Sam还以为不过是电话里的再见，结果真的再见了。因为第三天回家，老婆递给了他一份离婚协议书，孩子归属女方。

"这个世界根本没有什么天塌下来的事，最惨不过是腹背受敌，你弱，你没有资格反抗。她说，你养得了我们吗？你养不起我们了，还不让我离婚，你就是存心想害死我们。"

Sam在离婚协议上签了字，在家里大哭起来。"我突然觉得，自己去流浪都没人管了，惨死在路上也不会有人来找，如果哪天进了医院抢救室，也不会有人来问了。父母在外地，身边一个亲人都没有。"

"我在家睡了两天，过去能够进去的饭店酒吧，都进不去了，只有路边夜宵摊的老板还热情，大声吆喝我吃烧烤。我第一次这么近距离地看他，我也第一次发现，他的腿上有很大的一块伤疤。他说他有一年被债主追着打，差点打断了腿，这块伤疤就是那时候留下的。债主凶残的时候，还要挟他说会杀掉他的女儿，他真的走投无路了。和父母借了一万块钱，出来摆夜宵摊。已经干了三年了，终于还清了债，现在才真正为自己打工。这个烧烤摊老板没有任何愁容，随着音乐，不断地摆弄着手上的烤串，天知道以前一定比我过得还壮烈吧。"

Sam突然惊醒了，要了20个肉串，回去睡了个觉，重新又扎进了商场。"谁没输过，反正我已经输过一次了。"

所有"快活不下去"都是正经事，所有"真的活不下去"就是矫情了。这个世界上，谁没有"活不下去"的时候，不过从前之事都已经呼啸而过，如今早已结痂不痛。

Sam现在又已经成了小富豪了，一头洋气的小冲发，和人谈生意，依旧有模有样地活着。

## [3]

每个人都有感觉活不下去的时候，真的。你所谓的活不下去，回过头来，有时候无非是安逸地自我松懈。

以前在媒体实习的时候，晚班记者通宵干活，是再正常不过的事；白班记者一天睡4个小时也是，碰到突发情况，睡觉根本不当回事。可是，你做得再好，其实，也是你的分内之事。

我的先生老陈工作也很忙，过去他也曾常常跟我说累到活不下去。毕竟连着通宵三天地干活，不是正常人能够承受的；毕竟年度、季度、每月，总有那么一半时间，忙得焦虑到内分泌失调；有时甚至想甩甩手不干了。不过过了两三年，他就习惯了。"谁的工作不辛苦，谁没有忙到累到活不下去的时候，别人活过来了，你也能活过来。"

我一直觉得，年轻人说苦说累，都是正常的。谁没点情绪，谁没点压力。但是，别说得太多。

我一个做HR的朋友，她说，每年她们老板总要开除几个"矫情"的人，就因为他们，整个团队都会变得乌烟瘴气。一加班就说活不下去，一有大项目就说要辞职，关键是，还跟老板在办公室大哭大闹。

是，我们要承受，不是忍受。只要天没有塌下来，只要你也还爱着自己，就有理由活下去。

[4]

有谁的生活是完全顺利的、绝对美好的，天天阳光灿烂到没有一朵乌云的？

没有！根本就没有！

我一直告诉自己一句话：一个人的故事，就是一个人的戏剧场。演到喜剧就高兴，演到悲剧也用心。长长的剧本，我们慢慢演，演这一生，坚韧不拔。

# [ 有时候，我们
并不要处处留情 ]

## [ 1 ]

阮小柔，真是人如其名，是个软弱的柔妹子。她胆小懦弱、崇尚和平、最怕冲突，可偏偏嫁给了一个脾气火爆的直男大丈夫，时不时就被拉来一出相爱相杀的大戏。当然她只有被虐的戏份，而且还没台词，因为她的泪腺比嘴发达，还没说就先哭，然后就一路哭到杀青了。

阮小柔是有着自己的处世哲学的，用四个字概括就是委曲求全。她愿意妥协，为尽快平息冲突妥协，为怕老公的血压高妥协，为怕邻居笑话妥协，为给儿子一个好的原生家庭妥协，明明一肚子委屈一肚子理，但是只要她老公高声一吼顺便再砸一个碗，她的委屈和道理就立马化成乌泱泱的泪水。

阮小柔每次委曲求全之后都以为老公会更爱她，因为她为他和这个家隐忍太多，付出到连她自己都感动得一塌糊涂的地步。可惜事情的发展冲出了她的脑洞，她始终想不明白，为什么委屈没有求到全，求来的反而是老公愈演愈烈的坏脾气？

终于有一天，在阮小柔的老公发了脾气砸了碗还面目狰狞指责她欺负他时，软妹子彻底爆发了：她的愤怒激化了嘴巴的功能，满腔委屈化成连珠炮一般的语言，把老公发脾气的动机、背后的心理分析得一清二白、头头是道。柔妹子也是有高智商的！

阮小柔的每一句分析都一针见血，把老公的霸道、自私、低情商展露无遗。他的老公面露愧色哑口无言，他根本没法反驳，因为阮小柔的话字字入理、句句属实。第二天，阮小柔的老公递给她一封长达7页的信，全是他的反思。他彻底认清了自己的问题，决定痛改前非。

这一次战争堪称探求"合理消除分歧"之路的里程碑，起到了划时代的意义，阮小柔第一次尝试勇敢地讲理就取得了空前成功。从此小柔家只有商量声，没有砸碗声。

原来，一味地退让只会让对方得寸进尺。委屈求不来全，求来的只是越来越无理的肆无忌惮。

退让和委屈其实就是在逃避冲突，而逃避冲突就如同讳疾忌医一般，永远没有机会去正视病灶，这样只会任由病情发展，耽误治疗时机。一旦把问题拖到病入膏肓无药可治，当事人将会付出更加惨痛的代价。与其鼓起全部勇气去委屈自己，不如拿出全部魄力去解决问题。

## [2]

赵为民在公司一干就是五年，兢兢业业任劳任怨。他努力工作，给公司带来了不少收益。每到年底，他就期待着自己优异的表现能成为涨薪的筹码。可是每次谈论涨薪，老板都跟他打情意牌，说公司多艰难，说市场多不利，说自己多辛苦，说公司实在没有盈利，总之就是不能涨工资。

起初赵为民很是愤慨，可是老板一旦对他大夸特夸，感谢他的付出，感激他的贡献，并承诺评他为优秀员工，他就立马心理平衡气恼全消，然后屁颠屁颠地全盘接受了。

优秀员工、十佳员工、最佳贡献员工、Top1员工，一年一个小奖状就彻底抵掉了赵为民的全部辛劳和贡献。可是他不知道的是，也不是给谁都不涨工资。那些和他贡献差不多甚至不如他的员工，因为和老板有理有据地谈判反而拿到了和自己付出相一致的报酬。只有他一个人仅仅因为老板的一颗糖就乐呵呵地举手投降接受剥削了。

而他的老板却有一种诡计得逞的快感。他摸清了赵为民的心思，于是每次计划涨薪时就自动把他从人选中过滤，因为他知道他最好说话，是个能捏的软柿子，拿一张小奖状就可以搞定。可怜的赵为民还以为是得到了老板的认可，反而更加卖力地付出，不断贡献着更大的蛋糕供老板剥削。

当惯了别人刀俎下的鱼肉，当他在屠宰你时好心下了麻醉药，你就变得感恩戴德心甘情愿，这也许就是弱势群体始终任人宰割的根源！所以就别埋怨恶人的凶狠了，当你放弃为自己争取时，你就已经开始给恶人递刀了！

[ 3 ]

项羽对刘邦仁慈，没有在鸿门宴上除掉他，最后反而被人家逼得自刎乌江。

要不是包惜弱好心救了人渣完颜洪烈，哪有郭啸天的早亡、李萍和郭靖的寄人篱下？哪有杨铁心的悲苦、杨康的混账，以及后面一大串的悲剧？《射雕英雄传》都快成一个善良女人惹出来的孽债了。

《芈月传》终于演到芈姝芈月两姐妹的感情大戏。面对芈姝一次次的陷害，芈月始终不忍撕破姐妹情。可是情分毕竟是相互的，又岂是一人之力就能经营维护的？她的心软不但不能维护姐妹情，反而两次三番把自己逼到困境。

《妻子的诱惑》里，女主角发现丈夫外遇，起初一味忍让，搞到小三直接上门来欺负她，孩子没保住，丈夫也丢了，自己也差点被这对狗男女推到海里淹死。女主角被逼得一无所有才懂得反抗，可是气可以出、仇可以报，滴血的伤口谁来抚平？耽误的时光谁来赔付？

还有各种电视剧中的傻白甜女主角，每次被女二号害完，只要人家几句对不起，几句不容易，就圣母爱爆发，彻底原谅坏人了，然后继续被害，越来越惨。也就是在戏里有主角光环，才能靠着各种不合理的侥幸剧情活到最后，这种人设要是在现实生活中早"狗带"了。

我们总是会笑农夫笨，嘴毒些的甚至会说他被蛇咬死活该，没有人会赞美他善良。因为我们知道，一味对恶人善良就如同解甲弃韧任人持刀，一定会死得很惨。人心确实能换来人心，但换不来狗心。善良很重要，但是对谁善良更重要。

谦让和善良，在好人眼里是美德，在恶人眼里却是你的软肋。对恶人好，就如同给他们递刀，那些刀早晚都会捅到你身上，刀刀不留情！

# 对自己多一点信任，
# 你会更幸运

## [ 1 ]

失去生活热情的人如此之多，你也许也是一个。其实，这一点几百年来从未改变。叔本华谈过这个话题，罗素也描述过一个失去生活热情的时代。你会发现，过了这么多年，他们的文章已让他们名声不朽，却丝毫没有改变世界的运行，那个时代与我们的时代几乎完全一致。经常收到一些留言，希望能写点什么鼓励他们的话。人在沮丧和找不到出路的时候容易这样，心里的软弱被放到最大，渴望随便来个什么人解救自己，有时候，甚至会对陌生人产生一种"为什么不帮我"的怒气。

但只有经历过很多打击之后，我们才会明白一个道理：外部的呐喊，打气，很少带来真正的救赎；期待外部力量拯救自己总是会落空。

真正的力量都是从内部产生的。或者说，是需要自己从内心去唤醒的。昨天的文章发出后，一位读者说："想到这世界给你力量那么多，为何去相信这区区一点的阻力。"

往往是这样的，身处现实里头，我们总是在解决问题，所以眼里总是在看到问题。如果我们取得了一次胜利，解决了一个难题，我们会觉得是问题少了一些，而不会意识到胜利本身和它背后潜藏的我们解决问题的能力。而我们原本的力量，因为不断受到阻碍而慢慢被忽视，好像我们身边只有阻力，而没有力量。

其实，重新发现这种力量是如此简单，当你觉得无力的时候，把拳头攥紧，你会发现某种坚定的信念好像凭空生出来一样，被你从自己的手指间攥出来。

[ 2 ]

在春天谈论这件事格外有意义。比方说，刚刚过去了一个以看花为主题的假期，被折磨了一个冬天的草木证明了内在力量复活的可能性。如果说现实生活的迷茫、消沉就像冬天一样，那么春天到来是一种显而易见的提醒，丑陋的现实里面，每个人都有些力量可以被唤醒。

但假期结束后接下来的两天里，我发现这件事并没有给人应有的鼓励。相反，人们疲惫，感叹，有好几个人跟我说，从郊区或者开着玉兰花樱花，桃花的街头回来，反倒觉得人生更加难熬了，越是迷惘的时候越该唤醒自己，千万别忘了你有多了不起。

这像极了很多人的状态。已经被折磨怕了，对生活的畏惧没有完全消失，对暖和的期待被压抑，苦久了，不太相信自己原来还有能力翻盘。

我们从来都不是缺少力量，只是日复一日，力量被我们忘记了。

[ 3 ]

我经常这样告诉自己和身边那些不太如意的人：我建议人们经常回想一下自己十九岁的样子。或者说，回忆一下自己刚刚出发，满身是劲儿的样子。

并不是说要回到那个不知道困难和现实为何物的状态，而是把困难和现实暂时忘记，这样，那些被蒙住的东西就会重新显露出来。

像斯蒂芬茨威格说的，十九岁人们还趾高气扬，或者说，还拥有完全在自己体内生长、壮大的生命力，外人给你的力量和帮助慢慢会消失，但当你被逼到绝境，被时间施加重压之际，这些内在的力量、梦想、壮志、勇气，这些年轻时的澎湃的生命力，却是可以被唤醒，被激活的。

内在的生命力不会被重压所杀死，相反，它就像弹簧，越是重压到极限，越可能带来巨大的反弹。这是那种虽然无望但绝不放弃对抗的挣扎存在的原因。内心的力量被困住，使劲冲撞，如果你仔细寻找它，信赖它，它就会冲出来，那一刻，你会找到属于自己的、不会丢失的强大力量。

我们遇到的最大危险不是无人相助，不是现状艰难，而是你忘记了、不信任自己在绝地所能表现出来的勇气和力气，或者被当下的迷惘所遮掩，没有试着去把它从心里唤醒。

要像相信春天每年都会到来一样，信任自己内在的力量。

# 不知该如何走时，
# 不妨多走几步看看

我一直觉得，本科四年里有两个节点最难熬。一个是每学期第三个月，因为我们总在临近期末时才发现学期初立下的各种豪言壮语都没有达成，少花钱，多吃菜，每天自习六小时，一周去三次健身房，期末成绩进前10%……这些在期末通通成了笑谈。

另一个节点是入学后第三年，当你发现身边同学拿到了你没拿到的实习、奖学金和出国机会后，你忍不住问自己："入学时我们成绩和能力都差不多，为什么三年之后差距这么远"，这个问题也让你寝食难安。

我不知道有多少人是出于这些焦虑，选择了读硕、读博，选择给自己再争取两到五年的时间，去弥补之前没完成的愿望，去追赶那些超越了自己的同学。

但我很确信的一点是，当你还处于悔恨和焦虑中时，和你谈人生理想、谈通识教育、谈社会贡献，你都不太可能听进去。因为那些像是高高挂在天上的月亮，而你担心的，是自己错过一班车后会不会再错过下一班车。甚至你已经开始考虑，自己未来能不能在北上广落户、该不该找个家在北京的女朋友、要有多少年薪才够送孩子上双语幼儿园。

不过，请别急于断定我们是群被功利主义捆绑的、目光短浅的年轻人。因为我所熟知的许多同龄人都怀着强烈的社会责任心。我们也渴望改变些什么，也渴望在学界商界政府机关做出有益社会的革新，也渴望make a difference，但很少有人手把手地指导我们平衡理想和现实的冲突，很少有人帮我们调和认知上的矛盾。

我们出发的时候都在朝理想走，但这一路有阻力、有诱惑、有焦虑、更有歧路，我们走着走着，走散了。明明不想做一个精致的利己主义者，却无法凭一己之力走出现实约束的怪圈。

这说明了一件事：理想很重要；但仅凭对理想的憧憬，永远也走不到尽头。我们还得有照路的火把，得有挡风的墨镜，得有遮雨的斗笠，得有赶路的毛驴。我们得找一些理想之外的伙伴陪同自己，才能在没有方向的时候找到方向，才能在理想还未落地的时候把理想坚持下去。

于我而言第一个伙伴是勇气。

我们常把勇气当作"敢于质疑"，"勇于担当"的修饰语，但事实上勇气比质疑和担当更难培养。当我的意见和大多数人不一致时，当我选择的职业目标是个冷门是条险路时，当实现理想的机会尚不完美却又稍纵即逝时，我们都得靠点勇气，靠点理性之外的东西，才敢说出自己的观点，才敢做自己认为对但别人不认可的事，才敢在不确定的环境下把事情做成。有时人会用"我很勇敢，只是不想表现出来"这句话欺骗自己。但勇气这东西和肌肉一样，不用就会萎缩，得在每一个需要表现出勇气的场合反复练习才能强壮起来。

第二个伙伴是爱好。

有段日子我的闲暇时间是这样度过的：点开人人网看一遍今天的新鲜事，然后打开微信朋友圈从顶端刷到底端，直到浏览完每一条值得评论和点赞的内容后，再杀回人人网，看刷微信的这段时间有没有新内容出现……这并不是一个笑话，这反映了一种现象——我们习惯靠社交网络推送过来的稀薄快感解渴，但却越喝越累，越喝越渴，很少得到过全然的满足。这种日子一天两天可以，但不出一周就会让人烦躁，我们得培养一项社交网络之外的爱好才能获得足够强度的满足，它可以是打球游泳唱歌做饭任何形式，也可以是陪男女朋友，只要它让你尽兴却又不会沉溺其中。找到适合自己的奖励机制并不比找到理想容易，可一旦你找到了，它将成为你一生抵抗无聊和空虚的利器。

第三个伙伴是习惯。

2012年清华精仪系的马冬晗在本科生特等奖学金答辩时展示了一份她的日程表，从早上6点到晚上1点，每个小时都安排得密不透风。有人担心规划太多的生活会不会失去自由，但事实上缺少规划的生活更不自由——因为你总在花时间考虑下个小时该做什么，是该读paper还是逛淘宝刷人人，你得打败头脑里N多偷懒念头才能下决心去做那件重要的事。这个抗争过程非常消耗意志力，而意志力对于任何人来说都是种稀缺资源。在固定时间做固定的事、养成一些好习惯，这都有助于节省意志力，把意志力用在更艰难的任务上。

在我们"90后"这一代出生以前，中国诞生过一部集奇幻、动作、诙谐与特效于一身的影视大片，它的名字叫《西游记》。这是唯一一部我看过三遍以上的电视剧。然而此时此刻，我发现小时候对奇遇的渴望和长大后对人生的认识竟如此相似——想收获最棒的旅程，你要有唐僧那样坚定的志向，要像悟空那样勇敢无畏，要靠八戒带来一路的欢笑，也要像沙僧一样，日复一日地把工作做实。

我很喜欢知乎上的一个问答。

提问者说："你是怎样走出人生低谷的？"

得票最多的答案是"多走几步"。

我想，培养勇气、培养爱好、培养习惯，这三者正是我们能在人生低谷中、能在方向感还不那么强烈时，向前迈出的一些步伐吧。

后记：

在接到学院开学典礼致辞的邀请后，我的脑海里一直回响的是那句话——"听过很多大道理，依然过不好这一生"。我们习惯在开学开工开幕这样的起始时刻，说些振奋人心的话，说些美好却不容易企及的愿景，但事实上陪伴我们大多数时间的，都是一些再微小不过的喜乐悲欢。

当然，这很可能是因为我的眼界还不够开阔，但我确实和很多人一样，感受着生活中无处不在的琐碎焦虑。但反过来我也意识到，改变生活中任何一处自己不满意的地方，其实生活就会快乐起来。就好比无所事事了一阵子后，突然接到一个不太重要的任务，你也能从完成任务的过程中收获更好的自我感觉。

而这个演讲想说的，正是如何对抗生活中常见的几种负面情绪：因胆怯犹疑而错失机会的悔恨，因过度依赖单维度的快乐而引发的空虚，因生活缺少计划而状况频出的烦乱。五分钟的时间不指望能说出多么深刻的道理，只求有过相似感受的人能因此找到一些改善生活的建议。

# 02

用积极的心态
过好每一天

# 请别嫌弃今晚的月光，它那么美那么亮

最近在看一部电视剧，抛开演员和剧本的设定，里面有句台词确实有触动到我：江湖险恶，但我的感情是美好的。这话拂耳乍听，只觉鸡汤无比，但不知怎的，那天晚上迷迷糊糊在睡梦中却像是被它洗了脑。

大家都知道，水一旦流深，就容易发不出声音。

我们总是习惯于东张西望，却看不清自己脚下的现实，比起冒进，现代人或许更需要的是学会在喧哗中去倾听平静。如果你不把握分寸善良，就别指望上天给予温柔光。如果你不相信爱是良药，就注定触碰不到美好。得与失，原非江湖飘摇中所能寻得，若能怀揣着对人性更好一面的期待，这生活自会有趣不少。

所以，我把亲身经历过的两件小事记录下来，只为时常提点自己：

愿你不会因为自身处境，而迁怒他人；愿你不会因为曾被伤害，就不敢再爱；愿你不会因为所谓人世薄凉，就嫌弃今晚的月光；愿你永远不失望、不遗忘、不逃亡；愿你学会在黑夜中远离一切刀剑喧嚣，踩着风声，继续前行。

[ 1 ]

2012年夏天，我和闺蜜去湖南玩，最后一站是长沙。

没有在橘子洲头看到朝思暮想的烟火，没有夜爬岳麓山，也没有在坡子街吃到正宗的臭豆腐。七月份的星城实在太热了，我踩着一双橙色的"果冻凉鞋"吧唧吧唧走在柏油马路上，感觉就像是行走在烧烤架上的小绵羊，整个人被炙到外焦里嫩，对头顶的大太阳束手无策。再加上所住青旅的空调完全是排山倒海之气势，没两天，向来自诩草原女汉子的我竟然华丽丽变成了湘江边上的蔫儿小妹。

直到离开长沙的最后一天，我的身体还没有完全恢复好。

闺蜜出于照顾我也是寸步不离事事周全，在火车开前的几个小时里，我们决定先在解放西路看场电影，以缓解出去外面不知去哪等待的"躲日之战"。电影貌似是个不太惊悚的恐怖片，背景音乐很轻柔，几日来未曾安心合眼的我迷迷糊糊就睡着了。醒来后，发现距离开车时间还有一个半小时，坐公交过去，大概也是绰绰有余的。

但谁也没有想到会遇上一场世纪堵车，15分钟，半个小时，一个小时都要将近过去了，我们还堵在万达广场附近，离着火车站十万八千里。

"啊！怎么办，我们赶车要迟到了，师傅您通融通融让我们下去吧。"本来是不允许中途下人的车道，司机师傅看情况紧急最终选择在安全的位置把我们放了下去。而真正的难题，才刚刚开始。下车后本来是要打车的时候，我们两个迷糊蛋摸摸口袋才发现自己身上的现金都没有了，可能是被偷了，可能是花光了，总之，站在川流不息的异乡街头，这感觉真是糟透了。

此时，距离火车开走，仅仅只有25分钟了。

周围没有任何银行，手机上一切便利的转账支付功能尚不如当下流行，两个平日里没有过多社会经验的姑娘，面面相觑，手忙脚乱。

后来我们只好打算和身边的路人求助。恩，就是你在大街上碰到过无数次的那种，突兀地拦下一个人，语无伦次地说一些话，绕来绕去好不容易才能听懂的唯一目的：给我借点钱吧。

闺蜜平日里是个自尊心极强的人，那天为了借钱，头一次脸红出初恋的感觉。而我，在一边鼓起勇气和路人搭讪的过程中一边回忆起过去自己的某些行为，当面对路人措手不及求助时，我是如何应对的。大多数时候我都会先入为主地认为那是场不折不扣的"骗局"，偶尔实在看着对方可怜，也会主动倾囊相助。但面对衣冠楚楚的年轻人时，我很少心软，"没有自知之明的懒惰主义者"或者"拥有实力而妄图悄然去走捷径的投机分子"是我对他们偷偷下过的最多层次标签。

不是我不够善良，而是我怕自己的善良适得其反。

那是过去的十几年来，我所接受的教育和耳濡目染的正常行为规范沉淀下来的心理措辞。但在那一刻，当我面对着无动于衷的路人、飞速转动的秒针和眼前这座被温柔夕阳笼罩的城市时，故事主角开始换位，在他们心中的我，是不是也是个骗子呢？比起失落和无助，当时我的内心更是对从前自我单向认知的无比愧疚。在不接近任何真相，就贸然选择判定他人不可取，以及用所谓人情常理来推波助澜或无动于衷地漠然昂走，这种行为不叫理智，只是狭隘。

不要因为先入为主的观点，就肆意驱逐本该被妥善安置的事实。

询问三巡，我和闺蜜几乎都要放弃了。

"喂，小姑娘，你们是遇到什么困难了吗"站在不远处的一位中年男子，主动走过来说。

我们两个太累了，再也没有力气眉飞色舞热情澎湃地去讲述自己的遭遇，只是极尽简单地表达出"缺钱、附近取不到钱"的意思。

而那男子竟然没有任何怀疑之色，淡然地掏出了钱包道，"你们要多少？"

学会洞悉美好事物，是使人快乐的最佳捷径。时至今日，我不再想得起他的容貌，却始终能够回忆起他说话的语调来，很平和，五个字中间没有任何轻重音之分，像个长辈一样的笃定和善，还有丝理所当然之意。面对我们提出要留下人家电话号码或者银行卡号的请求，他也没有答应，叮嘱完"出门在外，多加小心"之后便选择转身离去。

20块钱，不多不少，却着实解救了我们的燃眉之急。

当然，比较幸运的是，当天火车晚点了。

[ 2 ]

第二件事情，发生在北京地铁六号线，某一天我坐地铁去上班的途中。

我从黄渠站上车，到青年路的时候整节车厢里的乘客几乎都快要融为一体，任何个人的肢体波动，都仿佛会把周围紧致的皮肤拉扯下一块来，一惊一乍的尖叫声，比听歌剧还要热闹。

大部分乘客的年纪估摸集中在20岁～35岁中间，正是职场上的激进分子，有人在摩擦的电波中和客户通话，有人同身边同伴小声吐槽起公司里的各种暗黑规则和桃色绯闻，关于老板和女助手那些经典桥段，你懂的。当然，最多的人还是选择挤在胸前漏空玩手机。大家谁也不会看谁，谁也不关心谁，每个人大脑里奔跑着的马达，都直奔自己的生活主题。

这种常规情况，直到有人"轰然倒地"，画风突变。

倒地的中年男子原坐在北侧的首个座位上，但不知怎的，突然抽搐倒地，口吐白沫，身边大概没见过这阵势的女孩子秒变小白兔，跳到两尺外。原本密不透风的车厢，突然以圆规的形式四散开来，男子倒地的位置周边留出一大片空地。

某个机灵的小伙子第一个反应过来，迅速按了车厢里的警报器，接着，车停了。

人潮也炸锅了。

"我这九点就要打卡，迟到可要扣钱啊！"

"早会！我们最不能缺席的就是每周这天的早会了！"

"咦？他这不会是什么传染病吧？！"

“不会吧……”

“明知自己有病，还来乘坐公共交通工具，也太没公德了吧！！！”

如果语言是有形体，那一刻，必然是好几连串的感叹号飘浮在空气里。平日里被高压蹂躏习惯的浮躁脾性突然集体爆发出来，大家各发牢骚，又惺惺相惜，已经完全快忘记了躺在地上忍痛打滚的男子。

我从混沌中抽离出来，正打算鼓起勇气去询问男子，却被一股大力推开。还是那个按警报器的年轻男孩，急急忙忙从书包里掏出只剩半包的面巾纸，上前递去：“你怎么了？要不要紧？列车员等下应该要来了，你再坚持坚持……”许是男孩的真诚打动了在场的乘客，大家从惊慌失措中幡然醒悟，陆续走过来关切查问。虽然仍有站在远处持以观望态度的人，但也不再抱以嗤之以鼻的眼神。

说到底，活着不是生意，也不是什么交易，压根谈不上吃亏这么一说，但“对人好”却是实实在在能够让自己变得更有价值。有人掏出了水，有人在百度急救措施，一位年轻的、腼腆的，打扮得很粉嫩学生气的姑娘半蹲下来，说自己刚刚大学毕业，是学临床护理专业的，如果可以，她想先扶男孩起来大致看看。

周围人立马争先恐后地将男子扶了起来，小女孩看起来有点胆怯，让男子张开嘴。

可无论好说歹说，男子死活都不张。

在男子拿沉默与大家的猜测议论对峙的过程中，朝阳门站的列车员终于上来了。可列车员上来后也是无济于事，无论你是询问，还是关心，总之应对外界一切纷扰，他就是选择闭语不言。眼看着整个列车停在这里已有近5分钟，出于为了公共交通安全和其他列车正常行驶，列车员提出：“您跟我们下车，我们送您去医院好不好”这样的意见。

男子摇摇头，依然无动于衷。

周围的乘客们看起来都有些焦急了，但这次，他们考虑的并不是自己，而是关于这个男子的秘密。究竟是为了什么，他不说话？难道，他是哑巴？

"不！我不要去医院，我太穷了，我一个人在北京打工，我的家人并不知道我得病！求求你们，不要把我送到医院，送去了，我也看不起啊……"良久，男子终于开口道，皱皱巴巴的脸上已满是泪水。作为一个已经走完小半生的中年人，在大庭广众之下痛哭失声，这种场景，恐怕也只有感动中国的VCR里才能看到。

人心所最残酷的存在，也是最温柔的感知。

倏忽之间，车厢里所有人都沉默了。

大家都是北漂，无论是坐拥CBD豪华格子间里的董事长秘书，还是在地铁口支起小摊给手机贴膜的小哥，无论是职场上被大家称为"心机妹"，还是为在这个城市生存下来不得不要尽花招的奋斗达人，按照社会群体来分，这一刻，我们都属于同一个圈子。

"我这里有200，你拿去看病吧"说这话的，正是刚刚刻薄男子可能身患传染病的那位。

紧接着，大家都纷纷掏出了钱包。

……

然而，故事的最后，男子没有收大家的一分钱，也没有跟随列车员去医院看病。

他颤颤巍巍地走下了地铁，不愿再耽搁列车行驶时间。

一片寂静中，车厢里灌满隆冬的风，继续往前开去。

或许几个小时后的我们，在面对职场、客户，面对这社会弱肉强食游戏规则时依然会选择冷酷应对，从自我利益出发，这是根植于这个社会中谁都没有办法的常态。但我更相信，无论世事如何，人心总归还是美好的。当天经历过这件小事的人一定会在日后将温暖扩大化，就算平日里再不明显，也会在必要时发出光亮。

这江湖纵有生生不息的萧索，却阻挡不住亭亭玉立的人心。

# 发自内心的微笑
## 比什么都重要

上周末和老婆逛商场的时候，遇到了一位她许久未见的朋友。

这位朋友人长得挺好看，身材也很好，几年前嫁给一位企业高管，作了富太太，老婆经常跟我眼红，说别人又在朋友圈里晒了自己到哪哪旅游的照片。

见面时大家都是拎着大包小包，我本以为她俩只会简单寒暄几句，结果两人却聊得不亦乐乎，最后我们又结成了浩浩荡荡的三人队伍，把整个商场重新逛了一遍。

但在逛商场的过程中，我对这位满身珠光宝气的朋友，好感度迅速降至零点。我老婆挑衣服的时候，她在旁边指指点点，一脸嫌弃地说便宜没好货，嗔怪商家的衣服不够档次，搞得旁边买衣服的人也是一脸不爽。

她对待商场服务员的态度也是颐指气使，高傲得不得了，一个年轻的服务员心有不满嘴边唠叨了一句，她便叉起腰对着别人大骂了起来，我与老婆赶紧拉着她离开。逛了两个小时，她没露过一次好脸，等出了商场，虽然她主动提出请我们一起吃饭，但我与老婆不约而同地婉拒了。

老婆说之前也没想到她是这种人，可能是人有钱了，就变坏了。但我认为有钱就变坏的人，可能本来就没好到哪里去，他们只是想着打扮自己的脸面，项链一个比一个粗，耳环一个比一个贵，最后活成了行走的人民币，却没了人情味。

其实，真正的富有，不是跋扈，不需装饰，它就在人的脸上，是一份和蔼，一个自信的微笑，也是一个坚定的眼神。

## [ 真正的富有，写在脸上 ]

我见过很多人，家境富裕，工作优越，但每次见面他们总是一脸生无可恋的样子，Dior新出的衣服好漂亮就是舍不得买，哪哪的风景好美就是没时间去。

他们站得高看得远，眼里却全是荒凉。而有的人工作压力一样很大，收入甚至还不如他们，却活得有滋有味。我以前认识一位朋友，在外企工作。虽然他年过四十，却一身腱子肉，几年前报了班学习油画，最近又开始自学电吉他。我一度以为他拿着外企的工资，干的是看报纸的活。

其实他们一年有大半年在到处飞，周末节假日加班也是常有。只是他更愿意挤时间做自己喜欢的事情，别人躺在椅子上吐槽的时候，他在健身房锻炼，在家里作画，心态积极，所以他的脸上总是气定神闲，好像洋溢着一股春风。

## [ 真正的富有，藏在笑里 ]

倪匡被称为"香港四大才子"之一，与黄霑、蔡澜、金庸齐名，几人各有建树，成就斐然，但一说到心里最佩服的人，其他三位却全部指名倪匡。

有人说倪匡狂，痴迷女人又嗜好喝酒，一辈子不羁，晚年还能守得住寂寞，一个人定居海外，守着一座庭院，种瓜果，养花鸟。当你去看所有与倪匡相关的采访，你会发现，这个人的笑真可以称得上是仰天大笑。其实，他不是狂，只是笑得真。

人能笑得真是一种修为，一个真正富有的人，对外界的依靠很少，不以物喜，不以己悲，自我满足就很容易实现，笑才会发自内心。

[ 真正的富有，聚在眼神 ]

　　单位的老张，每次在楼下的煎饼摊买东西时，老板总会给他多加个鸡蛋。刚开始我以为他们认识，结果有一次没忍住好奇心，向老板打探，才知道他们根本不认识。

　　只是老张每天上班来得早，路上都会碰到两夫妻推着小车来摆摊，老张总会主动给对方一个示好的眼神。虽然从始至终双方都没有怎么说过话，但老板觉得老张是个好人，每次老张买东西的时候，老板都会给他加个鸡蛋或者送杯豆浆。

　　真正富有的人，能够用灵魂去感染灵魂，不需要多有钱，多有才，你无意间的一个微笑，一个眼神，有心的人都会记住你的好。可能二十岁的你，以为一个鸡蛋一杯豆浆连小恩小惠也算不上，但到了八十岁，摔倒了别人来扶一把，都是救命的大恩大德。

　　而这些所得，才是一个人真正的财富。

# [ 任何人，人生都需要
有一颗勇敢者的心 ]

我曾经为孤独哭泣，那是在幼小的年龄，拿着书本趴在学校的墙头，读着读着，望了远处静谧的田野和无人的小路，感觉世界突然间没了声音，好似地球上就剩下自己孤零零一个，被抛弃在角落，无依无靠的小我心生出莫名的惆怅和悲凉，眼泪禁不住往上涌，后来竟然哇哇地痛哭出声来……这类似的悲从中来，还有去年驾车飞驰在大别山的群山之间，连绵的丛山峻岭绿海森林，让你远离了城市的喧嚣进入宁静，你有些新生的心境，别忙，很快，眼前出现了山腰中某个无名的小木屋，屋顶上渺渺飘散了几缕炊烟，刹那间惆怅就侵过心头，那份寂寞会追着你一路开出数十里远……

低落的情绪会营造一个弃之的悲怜，恍如一个人走在无人的荒漠，风沙吹散着长发，眼前灰茫茫一片，脚下是打滑的沙坑，每走一步都举步维艰，悲怜了自己，悲怜了世界。生活就像数学里的正弦函数曲线起起伏伏，日子有如坐过山车高低不平，情绪有好有怀，低落会不分场合地袭来，怎能说不解孤独？

无聊的人逃避孤独。孤独是一个人的游戏，喜欢热闹的人耐不住孤独。你看迪厅里，那些伸出来的无数双在摇滚中乱舞的手，即便你听不到那是谁在嘶喊的声音，即便你装出来的笑脸没有人能识破，你却很肯定地跟自己说，狂欢是一群人的寂寞，越是人多越是寂寞。正如人们所说，扎堆的往往不是朋友，是寂寞的人群。我们最习惯的是与俗人、庸人为伍，而浪费的不仅仅是时间，是那份不能承受的蹉跎。

脆弱的人恐惧孤独。孤独没有金钱那么可爱，不可能讨每个人喜欢。在脆弱者面前孤独有一张狰狞的面目，它会乘虚而入，在某个黑暗的噩梦中扮演魔鬼的角色让你虚脱让你魂飞魄散；在你不设防的时候，偷袭你的城堡爬上心头大口大口地啃噬一顿。脆弱的人，只能眼巴巴看着它攻城略地，只能等待孤独这个欺软怕硬的混蛋，摧残了自己，一点点枯萎……人最无助的是没有能力挣脱让自己被动的局面。

成功的人学会孤独。当鲜花和掌声落幕，当笑脸和握手一个个散去，鼓噪过后，比赛之后等于比赛之前，一切归于平静。一个人驱车在郊外，长驱直入的大路让你望不到尽头，窗外华灯朦胧，世界沉睡独你一个人醒着，你猛摇了头，分明看到你并非刚才站在聚光灯下那般高大。那些"高头白马万两金，不是亲来强求亲"；"一朝马死黄金尽，亲者如同陌路人"；"人生犹似西山日，富贵终如草上霜"的词句会泛上心头，让你提前品味一回英雄暮年的境遇。很显然，那是孤独回到你身边。孤独让你看见你不可能拥有世界，你永远需要独立于别人，世界是世界，你是你，孤独是你与世界的分界线。如果弘一法师李叔同在8、9岁的时候就能领悟到荣华尽头是悲哀的话，那么，成功的人必须学会孤独。

孤独是用来发现自己的。孤独就像那位揣着怀表会说人话，诱惑爱丽丝跌入兔子洞重游仙境的白兔先生，他打开神秘的大门引领你重回那个疯狂奇幻的世界，在仙境里你可以长可以短，你可以大可以小，你追逐着"我是谁？"在探险的同时你终于发现自我；孤独怂恿你在世界的另一头犹如《超体》里的露西穿越昨天和未来，看见地球上最早的那个露西的样子；孤独放纵你的任性，允许你变身成大鹏掠过江河去俯瞰别人眼中看不见的万物；允许你伏贴在宇宙的肌肤上去聆听它的心跳……孤独是一把打开世界的钥匙，它让你通往自己的内心。南森说，人生的第一件事是发现自己，那么，孤独是用来发现自己的。遗憾的是，有的人已经无法孤独。

强大的人驾驭孤独。正如字面解释，"孤"自古就是帝王对自己的尊称，"孤"者王也；"独"意味着独一无二，独一无二的王者是孤独。孤独的人是真的勇士，可以面对自己直面人生独自前行。难怪尼采说，孤独，你配吗？真正的王者驾驭孤独，孤独是高贵的，是力量和能力的象征。

世间原本孤独。你看，停靠在路边无人的汽车是孤独的，飞驰在高架上的车流是孤独的，眼前的一栋栋摩天大厦各自有各自的孤独。让大脑带你重温自己在世界各地留下的足迹，当你迎风站在甲板上，随着巨轮在厚似铁板的太平洋上破浪，扑面狂扫的苍凉渗透在你呼吸的每一口空气中、在每一丝翻打在你脸上的海风里，都彰显着大海的孤独；置身在美加之间的尼亚加拉大瀑布的河谷，滔天的巨浪变成飞溅在你身上密集的水花，你分明听见一个巨人朝着你雷鸣般狂泻孤独；当你紧裹了身上的大衣浑身颤栗在富士山脚下，仰望冰棍一样矗立的雪山，静穆就是它的孤独……

作为自然之子，人生来孤独，人生本来就是一个人要独自走完的路。张爱玲说，我们都是寂寞惯了的人。无论是审美、创造还是思考，你有太多的事情要做。国人之前没有孤独的习惯，多了一点集体寂寞少了一点一个人的孤独，是农耕社会生产力低下、地少人多养成的人文风俗。现实进入到后工业化和信息时代，生产力与生产关系之间发生了巨变，人们在生存之上有了更多属于自己的时间，需要用更多的时间来填补精神生活的空白。我们能不能假设，在成为某一种人的基础上，人们可不可以去追求高于生活的另一种人生呢？或许我们还可以期盼，人们依靠个人的力量就可以获得财富和精神的独立和自由。那么，孤独的价值就不言而喻了。

可以确认的是，无论哪种人生、什么阶段，孤独都是你的贴身伴侣，热闹只是孤独的插曲，逃避它不如拥抱它，任何人的人生都需要有一颗勇敢者的心。世界这么大，挽起孤独的手一起上路。相信，下一站有下一站的美丽，不要回头。

# 放下一些东西，才能腾出手来抓住更想要的

## [ 1 ]

商务英语课堂上，一个男生做Presentation，着正装系领带，一口流利的英语，自信地讲着全球化背景下外国科技公司对于本土企业的影响。

课堂结束之后，老师叫大家一起吃饭。聊起来才知道，这个学生本科学的是机械专业，研究生研究的也是机械相关的课题。

但是他一直明确知道自己不适合做技术，所以在金融和电子商务方面都有所积累和尝试，打算毕业之后选择其中的一个方向发展。

老师问："到研究生毕业，你学了七年的机械，做一份完全不相关的工作是不是可惜了？"

这位同学摇头说："不可惜。长远来看，毕业之后差不多要工作四十年，如果舍不得这七年，牺牲了以后的四十年，才是浪费。"

"那当时的专业是你自己选的吗？"

"是的，我小时候玩具都被拆得乱七八糟，然后再自己组装。一直到填高考志愿的时候，都立志成为一名机械工程师。"

"但是人是会变的，当时根本不知道机械工程师是做什么的。上大学之后看了很多书，也接触到不同的职业信息，才知道自己感兴趣并且擅长的是什么。"

"一毕业就进入一个领域比工作之后再转型，容易很多。"

这是一个很有想法的学生。

大部分人狠不下心丢掉几年的专业储备，在另外一个领域重新开始。于是一个三年，一个三年，又一个三年，继而是以后的三十年，都被十七岁时的那个选择束缚着。

[ 2 ]

丢掉七年，抓住四十年，不吃亏。

在经济学里面有一个概念叫做沉没成本，是指由于过去的决策已经发生了，不能由现在或将来的任何决策改变的成本。

不管在自己的专业学了多长时间，都是已经付出且不可收回的成本。若发现不合适，还要继续待在既定的圈圈里面，就是在不断地增加沉没成本。通常来说，这个成本越大，越难逃离。

因为各种原因，高考之后，志愿表上的那一个对勾，掩盖过很多学生曾经心心念念的梦想。

同样学着数理化或者理化生的一群少年由此分道扬镳，在各自的路上，走向了不同的终点。

画下对勾的时候，也许我们还不知道，这是我们给自己的人生划定的第一个圈圈。如果不鼓足勇气走出去，有很大几率一辈子在这个圈圈里。

四年之后，二十出头，一部分走出校园，尽量选择"专业对口"的工作。

另一部分，稀里糊涂地继续三到五年甚至更长的本专业或者相关专业学习。毕业之后更难舍得原来的专业积累，"专业对口"显得更重要。

转专业、跨专业或者到新的领域工作，是一件有风险又需要底气的事。毕竟，从走进大学校园开始，方向已经确定。一直走在一条几乎没有分叉路口的路上，把大学四年过成了一纸对勾。想要转向时，早已经陌生了其他的很多条路，"除了XX别的什么都不会。"

于是用一辈子为十七岁那个选择负责，即使知道不是自己想要走的路，即使明白自己不适合，即使每天喊着不喜欢。

## [ 3 ]

唯一不变的，是改变。

中学时，看过一本小书叫《谁动了我的奶酪》

书中主要讲述4个"人物"——两只小老鼠"嗅嗅"、"匆匆"和两个小矮人"哼哼"、"唧唧"。

他们生活在一个迷宫里，奶酪是他们要追寻的东西。有一天，他们同时发现了一个储量丰富的奶酪仓库，便在其周围构筑起自己的幸福生活。

很久之后的某天，奶酪突然不见了。

这个突如其来的变化使他们的心态暴露无遗：嗅嗅，匆匆随变化而动，立刻穿上始终挂在脖子上的鞋子，开始出去再寻找，并很快就找到了更新鲜更丰富的奶酪。

而两个小矮人哼哼和唧唧，面对变化却犹豫不决，烦恼丛生，始终无法接受奶酪已经消失的残酷现实。

经过激烈的思想斗争，唧唧终于冲破了思想的束缚，穿上久置不用的跑鞋，重新进入漆黑的迷宫，并最终找到了更多更好的奶酪，而哼哼却仍在郁郁寡欢、怨天尤人。

现实中，有一小部分人喜欢折腾，对于改变有着敏锐的嗅觉。更多的人，害怕改变，宁愿将就。就像故事中的"哼哼"。

当状况发生改变时，重新调整路线是最好的选择。

那一年，我们选择专业时，年纪尚轻，认知尚浅，随着对于自我认知的深入以及对各领域信息的全面了解，想做的事情，想要去的地方，会发生改变。

梦想没有三六九等之分，工作没有尊卑之别，适合自己的，才能称得上最好。如果眼前的工作或者生活不是想要的，想办法及时止损，越早越好。

高中的一个同桌，学了四年的机械自动化，考上了建筑学的研究生，现在是一名建筑师；大学同学有放弃八年的建筑专业学习转向金融的。

一个闺蜜本科学的机械工程，研究生到信息自动化，博士转到航空领域，走了一条"曲线"，只要能抵达，就不枉一路辛苦。

今年毕业的建筑学本科的学弟学妹们，三分之一顺利跨专业迈进别的领域继续深造，有转到金融的，管理的，景观设计的，文学的，还有到中影学电影剪辑的。另外一部分直接工作的，又有三分之一没有从事建筑相关的工作。

虽然换专业或者跨界发展，不是拍脑子想想就可以跨过去的，但是早早准备做好储备还是能顺利实现的。

十七岁那年的那个选择，不要让它成为自己一辈子的束缚。只要你愿意，有机会改选。

[ 4 ]

及时止损是一种生活智慧。

如果我们用毅力和坚持走向一个不想去的地方，如果还有力气，及时拐弯，不管走了多远。

曾经听过一个讲座。主讲人是一个风投领域的后起之秀，谈起他一直想成为一名医生，大学也学了医学，并且作为医学院学生参加过很多志愿活动。

临近毕业一年的时候，发现自己对金融特别感兴趣，于是恶补专业知识，到金融行业实习，顺利转型。工作一年又申请到牛津读金融，毕业之后到投行工作。

演讲结束，他总结到："机会是留给有准备并且积极行动的人，绕了一圈，我没有成为自己梦想中的医生，庆幸的是，我长成了自己最想要成为的人。"

这一句话让我动容。

没有什么想法能让我们抱着一辈子。

时刻准备着并且积极行动，成为自己最想成为的人，是能找到最精彩的人生答案。

[ 5 ]

同事转给我一个链接，知乎上的一个问题：如何看待清华大学建筑系学生大规模转专业？

看完之后我真的陷入了沉思。

触动不是因为某个人的故事让我自动身份带入，只是回想起我持续十年的建筑学习和工作历程。

十七岁那年的夏天，我和一帮小伙伴们一起，在高中校园里，那座"人"字碑下面的草坪上，在志愿表的专业一栏里勾选了建筑学。

然后开始了为期五年的建筑学专业的学习。毕业之后做了四年的建筑设计，到现在读研究生，还是建筑学。

在选择建筑学的时候，我根本不知道建筑学到底要学什么，建筑师要做什么。

这个游离在理工科和艺术学之外、"技术与艺术结合"的专业，不是每个人都适合。

建筑学学生就是跟着文学系的学生一起上数学课，跟数学系的一起上英语课。建筑学教学一开始是锻炼大家的抽象思维，一切都是不确定的。

我可以天马行空地想象，但是玄虚的没有落脚点的东西，让我有一种说不出来的不安。

我喜欢基础科学中的逻辑性和确定性。建筑学专业弱化了这些。

在大学一年级的时候，我就知道自己在建筑学学习上某些天赋的欠缺。

部分课程学得也相对费力一些。因为很多东西都是相通的，再加上建筑学本身很有趣，我没有想过转专业。

工作之后做建筑设计，凭借着用心和良好的思维习惯，总是有意外的惊喜。

不知道从什么时候起，我打心底里想做一名优秀的建筑师，并且为之努力。

一念之间，影响了我的十年，并将持续影响下去。

[ 6 ]

"如果我当时选了常规的理工科专业，人生会怎样？"

这个问题不会有答案。

高中同学绝大部分学了理工科专业，并且超过一半拿到了工学博士学位，他们中大部分的研究成果是同领域世界领先水平。

偶尔聚会，听大家聊起来二分法、傅里叶，或者电路板、流密度的时候，从我口里说出来的是大白话，"取中间数值""那些眨眼睛的是恒星还是行星？"尴尬之情油然而起。

自然懂得"术业有专攻"的道理，只是我曾经的梦想，被别人实现了。

那种感觉就像看着自己想要的玩具，被别人拿在手里把玩，即使自己手里拿着一个更好玩的玩具，也还是会多看两眼。

错过了拥有那个玩具的权利，终究有一点失落。虽然也没那么想要了。

但曾经梦想过，已经足够在心底里记得一辈子了。

如果从完善人生角度来看，学习工作了十年并且会继续建筑学专业，对我来说，也是一个不错的选择。

涉及了很多之前我从来没有想过的领域，比如有节奏地美学素养的提升，比如表达能力的培养，广泛知识面涉猎的要求，还有空间思维的训练，这将丰富我的生命历程，也让我受益终身。

这是一种中庸的说法，也算是一种宽慰吧。

[ 7 ]

关于"长大之后想做什么？"这个问题，在小学六年级我还有另外一个答案，我想成为作家。

曾把这个想法告诉老师，同学，和我的父母。他们并没有当真。

那一年，我的作文第一次变成铅字，并拿到了第一笔稿费，还是没有一个人把我"长大后要成为作家"的想法当真。

现在，我的文字越来越多变成铅字，也被更多的人阅读，算是离小时候的愿望近了一些吧。

不得不承认，在面对自己喜好的时候，我不够诚实和勇敢。

小时候设想过的未来，抓住了一部分，也弄丢了一部分。

[ 8 ]

写到这里，并不是鼓动每个人放下一切追求自己喜欢的领域并且以此谋生，只是鼓励每个人，拥有坦诚面对自己内心的意识。

有底气做出选择，有勇气更正路线，更有智慧判断自己迈出的每一步，到最后会不会作废。

如果发现是在一条不想走下去的路上苦苦挣扎，早早改变方向，让每一步，都在为自己想要成为的那个人，添砖加瓦。

十七岁那一年的选择，并不需要用一辈子来负责。

有些儿时的梦想，不是非得实现了才叫浪漫。

有些初心忘了也就忘了。

放下一些东西，才能腾出手来抓住更想要的。

# 请收起你满身的戾气

## [ 梦想和梦有什么区别 ]

微博里有位不认识的女孩发私信，问：你能买得起任何自己想要的东西吗？

我说：能。

她说：你真有钱。

我说：不是我有钱，而是我有自知之明，不再总想要自己买不起的东西，去奢望跳起来都完不成的愿望，我明白能得到什么，该放弃什么，知道有些风景注定不属于我，所以，不给自己找麻烦和遗憾。

她说：这么轻易就放弃，你难道没有梦想？

我想了想，说：曾经有位朋友用听起来有点刻薄的语言形容过梦想和梦的区别——使出吃奶的劲去坚持之后能得到的，都是梦想；使出全部气力去争取之后也得不到的，都是梦。我当时觉得他好粗鄙，但是，往后越来越明白，这很真实。

然后，她连发了几个问号，追问：不是要坚持吗？不是要努力吗？不是要用尽全力追逐梦想吗？

我看着手机上一连串的问句，犹如对着一张用力的脸，以及努力而不得的焦虑、恐惧和穷追猛打，说实话，我特别懂，不仅因为自己也曾经历，更由于周围太多人教育我们去发奋和追寻，可是，再努力也别忘记，世界上终究还有另外一种存在——无论如何争取都得不到的东西。

## [ 有些人注定不爱你 ]

梁启超第一次见到何惠珍，她刚刚20岁，父亲据说是檀香山华侨首富，女孩中文和英语都好，还有一颗热辣而崇拜的心，她主动在饭局上担任梁启超的翻译，落落大方，准确贴切，让不懂英语的他瞬间跨越语言障碍，谈天说地海阔天空。

两人一见如故，依依不舍，临别时何惠珍主动伸出手和梁启超握别：我万分敬爱梁先生，今日得见，十分荣幸，倘若能得先生一张照片作为纪念，我亦心满意足。

17岁就订婚的梁启超可能从未有过这样的经历，几天后，他送给何惠珍一张照片，何惠珍回赠一把小扇，从此兄妹相称。

异乡的孤独和思想的共通很快让两人的感情超越"兄妹"，梁启超曾在日记里说自己"愈益思念惠珍，终久不能寐，心头小鹿，忽上忽落，自顾生平二十八年，未有如此可笑之事者"。

他已经有妻子，却第一次动了纳妾的念头，何惠珍也并不计较名分，梁启超自信满满地写信回家，以为一向贤惠的妻子李蕙仙会应允。怎么可能呢？几个女人甘愿和别人分享丈夫？或者不得已，或者不在乎，李蕙仙两条都不占——她是京兆府尹的女儿，礼部尚书的堂妹，娘家对梁启超有知遇之恩；同时，她善于持家，义气能干，在婆家地位卓著，用不着勉强自己接受任何不喜欢的局面，所以，她不留余地地拒绝了梁启超。

所以，梁启超和何惠珍注定无法在一起。

怎么办呢？

为了爱情和全世界决裂吗？梁启超不是徐志摩，除了爱情和诗意他更心有家国；何惠珍也不是陆小曼，她也有自己喜欢的女子教育事业。两人发乎情止乎礼，梁启超甚至将何惠珍送的折扇转交妻子李蕙仙保存，半年后，他回国，这段感情告一段落。

并非不思念。

与何惠珍的相遇相知是梁启超前所未有的感情经历，她的仗义、修养、风度以及20岁的青春气息都让他难忘，他写过不少诗表达对她的思念和无奈：

人天去住两无期，啼决年芳每自疑；

多少壮怀都未了，又添遗恨到峨眉。

并非不想见。

梁启超出任袁世凯政府司法总长时，何惠珍从檀香山来北京，但他只在总长的客厅里招待，礼貌而克制，她也端起距离，悻悻而返；李蕙仙病逝后，何惠珍再次赶来，梁启超依旧有礼有节，唯独没有亲密，何惠珍的表姐夫、《京报》编辑梁秋水先生责备他，怎么能"连一顿饭也不留她吃"？我没有查到梁启超的回复。或许人生已至秋暮，见了又怎样，吃顿饭又怎样，人生自有轨迹，有些错过，一次就是永远。

不管是不想爱，还是不能爱，本质上都是不够爱。

很多自己无法决断的感情，形势已经迫使你做了最佳选择，且将旧时意，怜取眼前人，身边的才是最好的，够得着的才是正确的。

爱情少几分强求，心底会少几分爱而不得的戾气，生活也多几分顺遂。


## [ 有些风景注定不属于你 ]

多年前我去铁力士山，出发前导游问大家是否有高山反应，其实我有一点，但我觉得山峰海拔不到4000米，还有缆车，所以偷偷跟着去了。

缆车上升的过程，我已经觉得越来越不舒服，在山顶待了5分钟，我头晕恶心，但不想打扰周围人欣赏风景的心情，尽力忍住。身边不时传来各种惊叹，为了一朵壮观的云，或者一座泼墨画般的山峰，但我丝毫体察不到这些美，我闭着眼睛脸色苍白呼吸困难直想吐，最终，大家为了迁就我，只好全部提前下山。

到达山脚呼吸到浓郁的空气，幸福感扑面而来，此刻任何美景，都不如舒适重要。

导游笑着说：你这种"低海拔"体质以后不要挑战"高海拔"风景，湖区和平原一样很美，人一辈子不可能看全所有风景，有些美景注定不属于你。

我心里一动。

有多少痛苦来自于我们用"低海拔"的体质挑战了"高海拔"的风景？一个买不起的东西，一个爱而不得的人，一件总也做不好的事，它们都是高海拔的"铁力士山"，并非人人可有，如果我们没有体力，还有严重的高山反应，就注定得不到。得不到怎么办？越挫越勇，反复强求吗？在强求的过程中把自己过得神经紧绷草木皆兵？

用不着。

我见过很多"过度用力"的女孩，包括曾经的我自己，我们活得铁骨铮铮咬牙切齿，身上有种"每一根钉子都是自己挣来的"努力，我们心里有好多的委屈，觉得我都那么努力了为什么还是得不到、做不好、买不起、爱不成？就像受多了来自这个世界的伤害，外界一丁点风吹草动就要防卫过当似的。

我们的心里，充满了努力而不得的戾气。

[ 懂放弃和会坚持同样重要 ]

戾气太多会驱散生活的和气。

用你最舒服的方式，一点点接近目标；真做不到，也懂得调整方向。

承认并且接纳得不到，放弃无用功，把手中的牌打得舒服，而不是只注重输赢，也是生活的必修课。

抛开戾气，和和气气地生活，普普通通的日子尽管给不了轰轰烈烈的答案，但是，时光自有积少成多的力量，在某个转角给出惊喜。

那时，你再也不会为买不起的东西、得不到人、做不成的事懊丧不已，你想要的，已经尽数握在手里。

# [ 越抱怨越焦虑，
不妨坦然一点 ]

你像得病了。

明明硬盘里塞满了干货技巧必背帖，

大脑里依然空空如也。

明明自拍修图老半天，

超高评论量却拯救不了现实苦瓜脸。

明明一天吃两顿夜里狂跑三圈，

前凸后翘还是渺茫又无期。

可气的是。身旁那些家伙，要么人美条顺气质佳，要么双商把人虐成渣。

你开始暗骂。做人真没劲。努力有屁用。否则，我怎会平庸至此。

焦灼、不甘、嫉恨、泄气……

只能刷微博聊八卦逛淘宝，心力交瘁暴食再昏睡。

哪怕转头便清醒，我为什么为什么又浪费时间啊。

这样的你，

可真焦虑。

## [ 身心掏空型焦虑 ]

最近有个热词总在刷屏——"空心病"。

虽是杜撰之语，它却折射出大学生们的群体浮躁：

孤独，情绪差，兴趣匮乏，感觉学习和生活没什么意义，无法建立深层亲密关系。

像身处于一个四分五裂的小岛，"不知自己该想什么，该做什么"。如此一来，只有日日浮沉，身心掏空。

电影《黑天鹅》里的女主角Nina，是个典型的焦虑患者。

受原生家庭影响，她从小忍受母亲的"绝对控制"。长大后，Nina成了一个追求极致的舞蹈家，"姿势精准无瑕，却一直没有灵魂、没有自我"。

后来她终于有了机会——在《天鹅湖》中一人分饰两角。为了实现理想中的"完美"，她既要保留白天鹅的矜持优雅，又要逼迫出本性的邪魅妖冶。

外部压力与自身矛盾之下，Nina幻觉频现，直至精神分裂。

片尾，是正式演出。Nina随音乐起舞、摇曳、谢幕。伴着掌声如潮，她却摔落舞台，卧躺血泊。

黑白天鹅终于不再搏斗。她死了。

从表面来看，Nina所患之心病——是一种能力焦虑。就像溺水之人。越乱扑腾，越易腿脚抽筋、下沉加速。

而事实上，能力焦虑的背后——往往是关于自我存在和自身意义的质疑。

这位腹黑女主正是如此。自始至终，她都背离着本心。鲜有几次觉醒，无不押宝一般，"尽数抛给了外界环境，以及母亲、老板、观众们的热切目光。"

对于缺乏生活掌控力、自我意义感的人而言：一旦努力无法消弭有关未来的不确定，那么些许敏感、比较、失衡、落差，便都会成为焦虑的"帮凶"。

得病的你我，概莫能外。

之所以"明知道"却"做不到"，之所以手头事毕却内心空茫，之所以害怕失败压力山大……

说白了，是没弄明白"自己到底要什么"。源动力不足，眼前之物便如鸡肋。吃不进，亦吐不出。

《霸王别姬》中关师傅说得很妙，"人要自个儿成全自个儿。"倘若把一生妥善安放于他人设定好的蓝图，你所痴妄的，也不过是他人眼前的风景。

日子久了，激情会撤，野心会碎，鸡血会馊。

身心掏空的你——

先要找到"真实的自我"。

## [ 急功近利型焦虑 ]

咱生活的时代，也有病。

早起刷手机，你发现《毕业月薪十万是种怎样的体验》《上了985，211，才发现一无所有》之类的伪干货、牛人帖，昨晚便霸屏了朋友圈。

耳闻舆论场，你知道网红都靠脸吃饭，10万+阅读不算多，资格证是秒过的，少年当老总没啥可奇怪。

日益浮躁的社会，蔓延的功利主义，迷蒙双眼的你我。似乎都在刻意屏蔽着：万能传播链上，所有个例均能包装成典型，所有光鲜都可放大和伪饰。

众声喧嚣，唯你语塞。出名趁早，就你晚成。真恨不得啊。三天刷完一门课，节食减掉一身肉，摇摇约来一男友。

想要速效成功的野心越强，你越发看不起当下不求上进、泯然庸人的自己。

小时候看蜡笔小新，我老说，他爸爸真没存在感啊。

就像生活中的"大多数"，三十二年的房贷、挨不完的暴揍、加不完的晚班……日子过得苦兮兮。

然而，这老大叔成天就知傻笑，坦然得很。

工作不顺，他就想想身边老婆儿子，想想今晚看场球赛。心情不爽，只要手边有杯冰啤酒，烦恼就咕咚咕咚灌下去。

现在回想，小新爸爸很厉害呀。那种"生命要浪费在美好事物上"的人生哲学，他玩儿得很溜。

对咱"大多数"而言，或许平庸才是生活常态。

如果仅因所谓的"优秀"、"成功"，逼着自己飚速前行不管不顾，抛却琐碎日子里所有静候和热爱——那压根不算上进，而是无谓之较劲。

小时候丢过的脸、走偏的路、考砸的分数；长大后没用的闲书、如梦的爱情、悔不当初的抉择……

也是经历，也是体验。也是你没辜负的好时光。

才二十岁啊——

还怕什么来不及。


### [ 假性勤奋型焦虑 ]

此类焦虑者，往往自律力惊人。

平日铆足一口气，紧绷一根弦，很少懈怠和歇息。

像我有个朋友，他每天早出晚归泡图书馆，拼命三郎般考研考证、看书做题。偶尔碰个面，他要不左手刷题右手扒菜，要不就掏本单词书叽里呱啦。

大前天，他很突然地，说找我聊聊。

"真气人。考前两个月我就冲刺了，每天熬到两三点，卷子做了几十张。居然又不及格？你说改卷的是不是有毒……"

"我老觉得，身体不怎么听使唤。明明累得想休息，脑壳又往外蹦公式蹦大题。除了读书，其他好像没啥意思……"

刚开始，我挺同情，也挺佩服。听了好一会，我才反应过来，这哥们儿，分明是个"低品质勤奋者"。

用他原话说，熬夜大法好，苦读是个宝。

考四六级是滚动式抄背单词，学数学要一手刷题一手答案，不睡觉可以赶超别人多赢几分，减少外出就能修身养性保实力。

这恰好解释他为啥"越努力，越焦虑"。说白了，就是空有"忙碌的姿态"，却没有"透彻的深思"。

你说勤能补拙没用？当然不。但也有前提啊。最起码，"勤"得用在真正棘手且更有价值的部分。

在伪用功者眼里，"收集信息"，无异于"获取新知"；"把书翻完"，意味着"我在进步"；至于"熬夜苦读"，会让自己"感动想哭"……

时间久了，难免形成思维上的"能力错觉"。

光上课不考试还好，可一旦假象戳破、高分梦碎，那真是欲哭无泪。

"这不可能啊，怎么才这点分？""唉，我当时怎么没多熬几夜。""原来这本书背两遍没用，起码三遍……"

就这样，深陷在否定自我、质疑环境的情绪怪圈。

有时候，不怕真穷，只怕伪忙。

不怕效率低，就怕动脑懒。

抱怨"越努力，越焦虑"的你——

不如缓缓。咱先深度思考。

其实，"焦虑"没那么可怕。

身心掏空，也许定位没准；急功近利，也许心态跑偏；假性勤奋，也许方法有误。

越是渴望摆脱焦虑的你，越要学会与焦虑共存。

适度了，它能当催化剂；

过度了，它就成定时炸弹。

你我的焦虑，

祝刚刚好。

# [ 你的牺牲其实是无用功，
不如好好爱自己 ]

这样的话，生活里，太普遍了。原因很简单，牺牲意味着伤痛，意味着不公，只要有伤痛和不公，就会希望获得代价和补偿，一旦想获得代价和补偿就会破坏两个人关系。

## [ 过度的牺牲不是爱　是不能承受的负担 ]

我相信很多子女一定听过自己妈妈这样的抱怨：我舍不得吃，舍不得穿，什么都给你们好的，起早贪黑地干活都是为了你们，为了这个家，你们却这样不懂事，真让我伤心。

也许是社会观念的支配，认为母亲就应该为了家庭，为了子女牺牲自己，奉献自己，也许是母性使然，母亲会爱护孩子，热爱家庭，为了家人任劳任怨，不断付出，委曲求全。

总之母亲这一角色总是与奉献和牺牲联系在一起，但是一个人过度牺牲自己，长期让自己受委屈，既不会让自己感觉幸福，也会让身边的人产生压力。

多年前有一则新闻引起广泛的热议，哈尔滨有一个单亲母亲，从儿子中考一直陪读到儿子考研。孩子两次考研两次失败，为了母亲，他还想再考。但严重的抑郁症，使他再也考不下去了。孩子持刀自残，母亲夺刀相救，结果误刺母亲，险些要了她的性命。

据说这位母亲本来是一个性格开朗、工作干练的基层妇女干部。当她下决心进城陪读的时候，刚刚40岁出头。她拒绝再婚，辞掉工作，卖掉房子，把自己生命的全部都押在了儿子身上，结果换来的不仅是考研的失败，也毁了孩子的人生。

这位母亲陪读九年，牺牲巨大，结果却是如此残酷，让人惋惜也替其不值，但是这件事也让我们认识到这一点：

女性为了孩子，牺牲自己，并不是智慧的做法。一个把全部心思都放在孩子身上，没有自己的理想和追求，使自己的生命之光黯淡的妈妈，不单自己活得累，而且还会给孩子造成巨大的精神压力和负担。

纪伯伦在《先知的灵光——孩子》中说得好：

"他们是借你们而来，却不是从你们而来，他们虽和你们同在，却不从属你们。你们可以给他们爱，却不可以给他们思想；你们可以荫庇他们的身体，却不能荫庇他们的灵魂。"

孩子也会有自己的选择和人生之路要走，他们有自己的自由和思想，那些企图控制孩子，那些希望以牺牲自我为条件换取孩子成功的父母，很有可能会牺牲掉自己的孩子。

而那些给孩子自由成长空间，同时不放弃自己的追求，努力为自己奋斗的父母，则会给孩子树立一个好榜样，使得孩子更健康更快乐地成长。

很多女性面对孩子时会过度牺牲自己，面对伴侣时也常常过度牺牲自己。

我有个男性友人近日非常苦恼，因为他的老婆总是动不动就对他发脾气和指责一通，有的时候甚至对他进行人身攻击。

常常是以"我为了你"为开头，"可是我却什么都没得到，你还这样对待我，你个没良心的"为结尾。

原来当年他们在另一个小城市生活，为了他的事业发展，老婆放弃了自己的工作，两人一起来到大城市打拼和奋斗。

来到大城市发展后，两个人都有了新工作，但是男方工作异常忙碌，老婆为了老公的健康，辞了工作，照顾起他的起居饮食，两个过起了幸福的同居生活。

但是好景不长，当老公获得事业上的晋升，小有所成的时候，他们的幸福却不见了，开始频繁争吵。

女方因为一心扑在男方身上，在新城市里并没有交到多少朋友，男方工作忙碌不能陪伴她的时候，她倍感孤单。

随着老公事业的发展，她越来越没自信而且变得多疑，常常查看对方的手机，盘问男友的行踪，怀疑他和别的女性有染，觉得自己为他远离家乡，放弃了自己的工作，实在不值又委屈。这使得她长期陷于痛苦，又让另一半不胜其扰。

我对这位男性友人的建议是：找个保姆照顾两个人的生活起居，让老婆停止过度牺牲，鼓励老婆出去找份自己喜欢的工作，同时出去社交，建立起自己的朋友圈，这样她不仅没时间去吵架，也更能找到自己的价值。

过度牺牲是婚恋关系中的一大杀手。很多女性错误地认为：自己为这个家庭，为这个男人付出更多的心血，奉献更多的自我，就能得到对方更多的爱。

但我们发现，实际上，正好恰恰相反，越是更爱自己的女性，当然这里的爱自己并不是自私自利，而是指为自己而活的女性，越容易拥有一个更爱自己的伴侣与更美满的婚姻生活。

而为了父母，为了家庭，为了伴侣，为了公婆，为了子女而付出一切，牺牲一切的女性，反而会面对更多的贬抑与指责，生活不幸福。

如果男女双方获得的幸福，是通过女性过度牺牲，无论牺牲的是她的事业、学业、还是人际关系而获得的，那么他们不仅不会关系很稳定，幸福很持久，往往还会出现问题。这是为什么呢？

原因很简单，牺牲意味着伤痛，意味着不公，只要有伤痛和不公，就会希望获得代价和补偿，一旦想获得代价和补偿就会破坏两个人关系。

牺牲的女性内心，其实并不是心甘情愿地付出，而是为了有所得而牺牲的，但是得到多少才算公平和满足呢？

这一点很难衡量。她往往需要伴侣更多的关心更多的爱，如果伴侣做不到，她就会替自己的付出感到不值，也会怀疑伴侣是否爱自己。

而承受牺牲的男性会产生很多的负罪感，刚开始他会感谢或疼惜女性的付出，更爱她，但是时间一久，对对方的疼惜与爱也会减弱，同时也会因为不堪负罪感的压力，开始逃避，为了躲避内心的负罪感，反而会认为女性的付出和牺牲是理所应当的，是她自己没有能力的表现，会更加贬低与指责女性。

这就会陷入一种恶性循环，导致关系破裂。我们看到很多为了伴侣牺牲的女性，最后不仅得不到伴侣的爱，还导致伴侣离开她就是这个原因。

在现代社会中仍有一部分女性，把自己的人生希望全部寄托在孩子和伴侣身上，认为自己是从属于孩子，从属于伴侣的。以为孩子有出息，就是自己有出息；伴侣事业上获得成功了，就是自己成功了。

其实这是一种天真的错觉，每个人都是独立的个体，伴侣、子女并不能代表你自己去创造价值，一个人对自我价值的寻找与建立，对生命的探索必须由自己完成。

还有的女性企图通过牺牲自己的某项权利，牺牲自己的某种需求来获取伴侣的爱，其实这种人并不能够很好地爱自己，也注定无法很好地爱他人，只是以各种各样变相的方式去控制对方。

她们的口头禅常常是："你看，我为了你这样，我为了你那样，你却什么都没有为我做。""我对你这么好，你却老让我伤心……"其实她们表达的深层含义是：我为了你牺牲了自己的幸福，可是你却没有让我感觉幸福。

还有一种女性会有自我牺牲的错觉，明明也没有付出很多，却会觉得自己非常委屈，遭受不公待遇一样。你发一条短消息给男朋友："李雷，我爱你。"然后一分钟看300多次手机，希望收到："韩梅梅，我也爱你"的回信。没有收到，你就伤心难过，沮丧万分，觉得对方不爱你。

其实说到底，这些统统不是爱，也不是心甘情愿的付出，而是打着爱的旗号索取，这是一种隐形的要求，要求物质和情感的等价交换，这是把自己索取爱当成爱对方。

因此，她们会对在伴侣身上的每一点付出记得清清楚楚，同样也会斤斤计较，明明是自私地索取爱却老感觉是自我牺牲，所以没有等价回报的时候就成为怨妇，成为受害者。

## [ 不过度牺牲　才会有幸福 ]

我鼓励女性不要过度牺牲自己，要建立起自己的价值。一个女人，首先是作为一个独立的人存在，然后才有其他属性，作为妻子，或者作为母亲的角色。

如果你把自我的价值建立在男人和孩子身上，你自己既不幸福，也会使得男人、孩子因为要对你负责而遭遇生命不能承受之重。

每个人都是独立的个体，都有自己的人生之路要走，这条路也是不同于他人的，不管是面对孩子，还是面对伴侣，女性要学会爱自己，避免过度牺牲掉自己的自由、独立和幸福。

事实上我们应该认识到：幸福是一种能力，真正的幸福感并不是来自外部的给予，而是来自自我内心深处的滋养。

德国情感医师爱娃写了一本书叫《爱自己，和谁结婚都一样》表达这样一个观点：你的幸福掌握在自己手中，请将寻找爱的触角伸向自己的世界。

她说："我们所需要的理想化的存在与完满合一的感觉，更多的是从我们自身内部获得。每一个人生来就是如此，但是人们往往容易忘记这一点。这就如同一颗葵花籽，所有使它最终成为一棵向日葵的信息已经都蕴藏在种子里了。"我们是有能力让自己获得幸福的，而不必通过自我牺牲的方式获得。

"不要再等待别人来斟满自己的杯子，也不要一味地无私奉献。如果我们能先将自己面前的杯子斟满，心满意足地快乐了，自然就能将满溢的福杯分享给周围的人，也能快乐地接受别人的给予。"

从现在开始停止一味奉献，拒绝过度牺牲，学会爱自己，只有爱自己的人才能更好地爱他人，得到他人的爱。

# [ 学会接纳自己，
更学会接纳他人 ]

前几天和哥嫂一家一起回老家，他家上高中的小姑娘在车上一直闷闷不乐的，一直到了奶奶家才露出点笑脸，吃完饭就喊着"我出去玩了"，一溜烟跑了出去。

我想着我作为小叔也得关心关心孩子啊，就赶紧跟了出去，在小河边找着了她，正往河里扔石子呢。"怎么啦我们的高材生，谁又惹你不高兴啦，我给你排解排解。"

小姑娘看了看我，悠悠地说："小叔，你说我是不是心理太阴暗了。前几天我们数学竞赛，我最好的朋友比我高了几分得了一等奖，这是好事儿啊，可我就是别扭，为啥我就那么粗心做错了题，我是不是智商比她低啊。我也祝贺她了可是我觉得我说的话都特别虚伪，我知道这样不对，现在做什么都心不在焉，还有点不想见到她，怎么办啊？"

[ 1 ]

我不是第一次听到这种话了。

我的一个读者曾经写信给我，说她一辈子都在重复姐姐的路。

姐姐比她大三岁，姐姐学习好模样好，家里不偏心但是她却一步一步全都跟着姐姐的脚步来。姐姐学了理科她也要学理，姐姐学了经济即使她很喜欢文学，报志愿的时候还是报了同一所大学同一个专业。

她说所有人都以为她们姐妹情深，但是不是的，她嫉妒得要发疯了。她嫉妒姐姐有那么优秀的男朋友，嫉妒姐姐毕业就结婚买房子。到她恋爱的时候，明明不爱对方也逼着对方结婚买房子最后分道扬镳。

她越来越嫉妒，也越来越自卑，长大以后再也不敢和姐姐深聊，她觉得她的自我已经完全消失，这辈子再也平静不了了。

看到优秀的人，我们羡慕，甚至嫉妒，有的时候这种情绪可以是积极的，让我们更努力，去追求更好的人生。这是一种每个人都会有的情绪，会让我们觉得自己做错了事，觉得有一点羞耻感，觉得自己狭隘不讲道理，然后骂自己格局小，眼界太窄。

不要急，让我们看看嫉妒从何而来。

[ 2 ]

现在有很多人信奉"我的事是我自己的事，与别人没关系"，这句话没错，的确可以使我们更加独立更有自主性，但是它却悄悄地在我们心里埋下了"孤独"的种子。

现代社会节奏如此之快，我们需要把成果排序来肯定自己。但是你想一想，这种排序背后是什么呢？往往意味着控制、支配，只有满足世俗评判、满足更高阶层的赞赏才能得到奖励。

久而久之，这种思维推着我们去和别人比较去竞争，你做得比我好，我想攻击你。推着我们在心灵之外竖起一道道坚实的壁垒，我们开始防御，以为所有人都盯着自己想要的东西，变成我们的敌人。

与此相对应，我们为了越过困难险阻，开始谋求与他人的联结，开始确立人际关系，开始合作和理解。这个月团队绩效好，多亏了小张的好点子；闺蜜今天分手了，看着她哭得那么伤心我也好难过。你看，我们需要朋友，需要亲人，需要爱人，我们也渴望理解，渴望情感，渴望分享和分担。

那问题出在哪儿呢？

出在朋友亲人和爱人明明是和我们相爱相联结的人，我们却下意识地想去竞争，去敌视，去进攻。

好朋友这次考了第一名，会不会把我的名额挤下去，我就不能保送了？孩子的画画得真好，不行不行不能让她不务正业。我们敏感地去嫉妒朋友的成就，去控制亲人的行为。

[ 3 ]

这就是嫉妒，我们把自己和别人的联结切断了，好像一叶扁舟在狂风暴雨里翻覆。我们孤独羞愧，焦虑痛苦。

那么活在当下就好了，不要纠结在过去和往事之中，过去他可能不如你，但是他现在凭借自己的努力成功了，由衷地恭喜他，把目光和努力投到自己身上。

从自身出发，去培养自己的兴趣，去找到适合自己翱翔的那片天空。他唱歌好听，可是你画画很好看啊，她家里有钱，可是你高学历有着广阔的平台和未来。

这样你才能确定你想要成为一个什么样的人，确定你想要什么样的生活。你不是谁的影子，不是谁的替身，你就是你自己。

除了兴趣和能力，还要时刻保持感恩，关注自己已经拥有的，珍惜自己眼前的，珍惜在你身边的人，他们才是你值得为之抗争和战斗的珍宝。手里的，才是能牢牢抓紧的。

你要永远记着，你和他们是有联系的，是统一的。去理解和包容，抓紧手中的联结和纽带，爱别人才能爱自己，爱自己然后更好地去爱别人。

约翰多恩曾经写过一首诗，《丧钟为谁而鸣》。

"没有人是一座孤岛，在大海里独居，每个人都像一块泥土，连接成整块陆地。"

我们好像为了适应社会发展进化出了去竞争，去进攻，但是也把我们分割成一个个孤立的岛屿。别害怕，去接纳自己，接纳别人，接纳属于你们的生活和希望。

正因为生而为人，我们能够觉察他人的悲欢苦乐，我们才愿意理解，愿意包容，我们的手才紧紧连在一起。

# 少一点心机多一些宽容，人生会避免很多曲折

## [ 1 ]

诗经被引用到烂的名句：死生契阔，与子成说，执子之手，与子偕老。

听起来很美好，然而三观不正如我，总觉得若有情比金坚，那一定是金不够重。

新闻里多灾多难仍然不离不弃的爱侣，就是因为太罕见，才值得被歌颂。

能晒在日光之下的恋情，都是美好的，就像一袭华服完美无瑕，但你看不到的蛀虫存在于纤维罅隙。

人类是地球上最贪婪的生物，欲望是黑洞，所以，不要轻易去试探人性。

## [ 2 ]

九月的上海，为了规避谣传的购房贷款限制，民政局每天限号都有上百对夫妻欢欢喜喜去离婚。

老夫老妻离不离婚或许已无所谓，但是"80后"夫妻假离婚结果闹成真离婚的，却有不少。

听说一个真实的故事，一对夫妻名下有一套房产，首付是女方出的，男人算是入赘，婚后共同还贷。

为了再买一套大房，妻子和丈夫协议离婚，房子归在男方名下，车子归女方。

原本说好离婚后，丈夫把现有房产做高价格卖给妻子，套取现金作为第二套房子的首付，再以男方名义贷款买新房，最后乔迁与复婚。

计划很完美，可惜步骤出了差池，丈夫离婚后将房子据为己有，赶妻子出门。

他早年赤贫，入赘她家后，这些年受尽丈人的白眼与妻子的专横，一忍再忍，终于忍到妻子为避税动了离婚的念头。

她懊悔莫及，若不是为了买房升值，若不是贪这几十万，他们的婚姻说不定还能继续，不至于落到人财两空。

婚姻的裂痕哪家都有，淹没在鸡毛蒜皮的家庭琐事中，平日并不致命，磕磕绊绊或许就是一生。

一旦有外界的诱因出现，才惊觉枕边人如此陌生，本应该同舟共济，却成了各怀鬼胎。

[3]

有个女孩对我说，男友认识她之前很花心，女朋友换了一任又一任。

他从来不让她碰手机和电脑，她觉得缺乏安全感，很想知道，他是不是认真的。

于是，她注册了一个新的微信号，用网红美女照当头像，想办法加了他好友。

她知道他的喜好，要找到共同话题太容易了，很快他们就聊得相识恨晚。

她开始纠结男友到底爱的是她，还是那个网红脸分身，她问我，男友的行为算不算出轨？

我很想骂她一顿，这不是自作自受吗？

何必要为自己虚构一个情敌，硬逼他陷入一场自相矛盾的选择，最后输掉的是你们的爱情。

这不是个例，虚构的情敌尚能消灭，有人甚至会让闺蜜帮自己试探男友的忠诚度，结果不是分手，就是友尽。

谈恋爱是快乐的事情，干嘛要给自己找不自在？

小心机有时会带来大麻烦，大智若愚才是长治久安之策。

[ 4 ]

前几年IPHONE刚开始成为街机的时候，流行过一个小测试，用手机搜索"我想你"，所有关联消息都会出现，包括删除的。

很多情侣都手贱，在另一半的手机上试过，不知道因为这件事分手了几对。

电影《完美陌生人》中说，手机就是生活的黑匣子，有几个人敢把手机的全部信息拿来分享？

情侣之间总希望交换更多亲密，来证明爱得够深，可是你的亲密付、你的关注、你的定位……真能做到毫无秘密需要遮掩吗？

你得意于他的手机用你的指纹就能解锁，他似乎对你不设防，可是你又知不知道，他为了不让你发现，每次见面前多么辛苦地删除信息。

见过太多在历史记录和朋友圈戳穿的谎言，有时我会讶异，手机内存竟容得下这么多人性的阴暗痕迹。

恋人的手机就像一个潘多拉之盒，不要轻易窥探，因为你不知道会释放出灾难，还是希望。

## [ 5 ]

我的闺蜜们有个不成文的规矩，聚会不管谁带了老公或男友，从来不会互留联系方式。

如果需要闺蜜的老公帮忙，只联系她，就算转述很麻烦，也绝不联系她的男人。

不知道何时开始，也不知道从谁做起，也没人刻意说明过，反正多年来，我们把这个优良传统保持得很好。

这样很好，我的闺蜜圈从未发生过被最好的朋友抢走老公的事件。

我们聚在一起的时候，可以放肆地吐槽自己的另一半，不用担心会传到他们的耳朵里。

红尘俗世，谁都不是柳下惠，嫉妒、攀比、空虚、无聊都会成为诱因。

不要有任何机会让你的男人与美貌的闺蜜独处，即使你相信朋友，也不要低估人性的丑陋。

一旦发生什么，你会质问他们为什么背叛你，其实有时没有为什么，人性就是这么自私自利，莫名其妙想犯点坏。

多一事不如少一事，最好的办法是从一开始就杜绝隐患，远离是非。

## [ 6 ]

夫妻本是同林鸟，大难临头各自飞，这句话说的就是人性，一纸婚书的联系，有时比血亲更加脆弱。

人性有多善良多温暖，就有多自私多贪婪，男人与女人，丑陋而真实的自我，每个人都存在。

所以，不要去参加任何测试伴侣忠诚度的活动，不要给你的另一半买巨额的保险，美色和金钱毒过海洛因。

不要轻易异地恋，就算异地恋也不要突然探班，别说什么输给距离，你只是输给人性。

少一点心机，多一些宽容，人生会避免很多曲折。

愿你我，无论世事迂回，还能保留内心良善，偶尔腹黑，但是不让黑暗蚀心。

# 别四处散播
# 你的负能量

好朋友领了结婚证，几个朋友吃饭庆祝。一个男生带了交往半年的小女朋友过来。前半程大家说笑逗乐，气氛欢乐。后半程画风突然变了，跟大部分人第一次见面的那个小女孩，一把鼻涕一把泪地说她小时候受的苦，单亲家庭，体弱多病，各种不幸，好像全世界的苦难都集中在她一个人身上。没有人能打断这个苦水里泡大的孩子的演说，她男朋友也没有能力转移话题……庆祝变成了一场悲情演说。

一个高中同学跟我在一个城市读大学。两个学校离得不太远，刚开始我们基本每周见一次面。但是每次见面都是她在说她受到的不公平待遇，一半时间在说她的同学怎么对她不好，一半时间在说她男朋友对她怎么不好。

同事一起去陕南考察。同事N，因为前一天跟婆婆吵架了，从头到尾带着一张阴云密布的脸，不参与讨论，不关心行程，只是简单的"嗯"，"不"。有人安慰她，也只是回应"没什么"。像幽灵一样飘了三天。

总有那么一小堆儿人，随时随地向周围的人"展示"着自己的不幸和苦难，不分场合，不分对象，如果不表现出来感同身受，就好像不善良。

其实，每个人的生活中都会有各种各样的不顺心，但是这些并不是用来到处"展示"的。到处诉说自己的苦难，并不会让目前的状况有所改善，反而会让周围的人不舒服。

没有人愿意一直做"苦难"的观众，不是没有同情心，也不是不关心你，只是不愿意对负能量全盘接受。这跟善良没有关系，跟亲疏远近没有关系，跟道德更没有关系。

不分场合、不分对象地诉说自己的苦难，不合适，也不得体。

从小学开始，有一个同桌，每次考完试都要说自己没考好，哪道题做错了，然后把自己说哭了我给递面巾纸，每天诉说半个小时。

长大后，似乎成年人可以抱怨的越来越多，我碰到在旅途上拉着我诉说不幸的陌生人，也有不太熟悉的朋友在饭桌上诉说自己的苦难史。

工作之后，接触到一些人，没见过几次面就抱怨职场上的各种不公平待遇。他们好像随时随地把诉说自己的苦难当做一种乐趣。

不要再到处诉说你的苦难。其实你经历的痛苦和不幸，也许别人正在经历，只不过他看到更多的是美好的一面。没有谁的生活是风轻云淡，一直把不愉快写在脸上的人，怎么能发现生活中的美好呢？

朋友小A说："我开始害怕全身负能量的人，想躲着他们。我同情你们的不幸和苦难，但是不代表你们可以把负能量随意传递。"没有人会喜欢一张阴云密布的脸，也没有人愿意每天接受各种各样的负能量。

生活已经相当不易，再到处诉说苦难，就是在一而再再而三地提醒自己，也提醒周围的人注意不幸和挫折，这并不是一件好事。说的多了，潜意识也会觉得生活只会越来越糟糕。

我们没有办法控制生命的长度，也无法预知以后的坎坷，但是我们可以选择自己的关注点，一直盯着苦难，苦难就会被不断放大。而且把苦难到处"展示"，别人给的同情并不能解决问题。那些过去的苦难，就等它在心中慢慢开出一朵小花。

多诉说和展示快乐吧。让自己拥有快乐起来的能力，而不是盯着眼前的苦难，不断地将其放大。把关注点放在快乐和美好的事情上，发现一切都会有改变。

这是一个无论是谁，都容易"受伤"的社会。无论你经历过什么，都不是独一无二、绝无仅有的——不要再到处诉说你的苦难，这并不能让苦难消失。唯有战胜它，才能成就一个更强大的自己。

最后，讲一个之前听过的小故事：

从前有一只小猴子，肚子被树枝伤到了。本来只是一个小伤口，很快可以痊愈。但是小猴子见到其他的猴子就告诉他："我被树枝伤到了！一道很深很深的口子！你看！"然后扒开自己的毛和肚皮给猴子们看。小猴子的伤口多次被扒开，感染越来越严重，小猴子越来越痛苦。

愿我们在疲惫生活中，依然能唤醒自己内在的自愈能力，笑对生活。而不是像那只受伤的小猴子一样，把自己的苦难放大，到处诉说，到头来把负能量传给了别人，也苦了自己。

# [ 活得好看的人，
脸也不会难看到哪里去 ]

其实有时候看一个人，脸就是他的一生写照。

## [ 1 ]

小咪今年28岁，未婚，无男友，甚至是从未有过男朋友。

每每谈论起她为什么没有男朋友的原因。小咪总是义愤填膺说道："这个看脸的社会啊，他们不就是觉得我不好看吗？"

我认真端详了下小咪，虽不算美女，脸的轮廓还算精致。

素颜，脸上长痘，有点油光满面的样子，头发有些乱，绑了一把，有几根垂了下来。

整个人看上去，就是，活得不太好的样子。

我有些犹豫，但是还是忍不住问了一句："你多久没有洗头发了？"

"啊？我？我忘了。"她一脸迷茫，略带思索。

"你最近是不是又经常加班，经常熬夜啊？"我又问。

"你怎么知道的？"她问道。

"你的脸告诉我的。"我打趣道。

其实，她的整个颓唐的气质和发黄的脸都在说着："生人勿近，靠近者死。"

人的气场经常可以看出一个人的状态，而一个人的脸其实已经映射着他的生活。你的脸如果像你的生活一样惨不忍睹，又如何让别人对你趋之若鹜。

自己过得不好，自己活得混乱的人，又怎么吸引到别人呢？

其实，一个人过得好不好，有时候不用问，看他的脸就知道了。

一个脸色蜡黄，双眼无神，眼白泛浊，眼带血丝的人，通常休息不好，焦虑、混乱、忙，或者麻烦缠身。

一个把微笑挂在脸上，眼里永远有笑意、气色红润的人，通常惬意、舒适、愉快，并且幸福环绕。

[ 2 ]

前几天，我见到了很久没有见面的学长。

他大学时，学习成绩优异，又担任着主要的学生干部，学弟学妹总是将他奉为神话，他的许多故事在"民间"流传。

那时的他总是那么淡然俊雅，脸上泛着光彩，自信从容，幽默，有些指点江山的气势。

后来由于拔尖的能力，出色的成绩，保上了学校的研究生。那时的他，少年得志，谈笑风生，正要开启着自己开挂的人生。

但是这次见面，他却跟我想象中有些差距。

现在的他行色匆匆，步伐略快，脸色蜡黄，嘴唇泛白，眉头微锁，没有清理的胡茬迫不及待地诉说着他的生活。

他的脸和表情都在告诉我，他不太好。

后来攀谈才知道，最近他忙于课业、论文修改、课题研究，还有即将到来的就业压力，天天处于焦虑之中。

那些生活的疲惫，日子的艰辛，通过脸这个窗口，一览无余地暴露出来。无声无息，却让人一目了然，尽收眼底。

脸真是个神奇的东西，高兴或不高兴，过得好或者不好，都作为最主要的媒介诉说着你的生活。

你好时，脸上的每一寸肌肤都在微笑，藏都藏不住的嘴角都在说着你的开心；

你不好时，每一个眼神都在叹息，皱也皱不完的眉头留下的纹路是每一刻不幸福的积累。

你看，你的脸总是暴露着你的生活。

[3]

脸是会欺骗人的，表情可能是装的，开心可能是假的。

但是，在不经意流露出来的表情，和通常状态下的脸其实也最能反映一个人的生活状态。

一个人的脸经常能反映他的生活，虽看不出家世钱财，但是却显露着生活的样子。

S小姐是我的高中同学，大学毕业就在家乡当了一名幼儿教师，老师的职业让她看起来总是泛着成熟的魅力，讲话轻声细语，绵绵软软。

她平时喜欢看书、下厨、书法、养花。

那些高雅又简单的爱好，慢慢深入她的骨髓，陷入她的内心，然后外化于形，滋养着她的生活，甚至是滋养着她的脸和气质。

她本是一张长得好看的脸，面容清秀，画着淡妆，不能说肤如凝脂，但确实是巧笑倩兮、美目盼兮。现在整个人看上去更美了，优雅，娴静，还有脸上那股子好看的淡定从容。

人们经常说，人的眼睛会说话。其实，人的脸也会说话，人的精神气质更会说话。

她是那种一见面就像认识了很久的人，很爱笑，很亲切，她脸上显现出来恬淡的气质带着不可抗拒的亲和力和饱满的精神状态，让我想跟她成为朋友。

相处下来，我发现她是一个让人觉得很舒服的人。也发现原来我们有很多的共同爱好，于是才有了更深一步的认识，才可能从琴棋书画聊到诗酒人生。

我一直觉得对女性的脸的最好评价并不是，你长得很漂亮，而是，你看起来很舒服。


[ 4 ]


脸就是人们认识的第一个窗口。

没有人可以一见面就通过你凌乱的外表直达你体面的内心。

脸作为人的第一张名片，首先需要的是经常打理。

女性脸的干净整洁，清眉淡唇，就能给人一种舒服的样子。男性的简单清理，刮刮胡子，就能看起来不疲惫和不苍老。

当然，脸好看，绝不是只有表面工程。相由心生，心由事成，把自己的生活处理好，把日子过舒坦了，过有趣了，人才能真正的好看。

要知道，愉快和健康才是最好的美容剂。

多微笑。

不是因为幸福才笑，而是因为笑多了，才发现自己原来可以这么简单地幸福。不要害怕微笑会有皱纹，那也是生活美丽的勋章。

多锻炼。

有研究表明，能坚持跑步的人，幸福感通常比不运动的人要高，当然其他运动也一样。

早点睡。

晚睡会变丑，这就是早睡最好的理由。别每天说着今天一定要早睡，然后在睡觉的时候拿着手机缴械投降。

长得好看的人，活得不一定好看。但是活得好看的人，一定让你觉得长得越来越好看。

有人说这是一个看脸的社会，我倒觉得这个社会就应该看脸，脸经常能反映人的生活，折射人的气质，彰显人的精神状态和生活情趣。

毕竟，一个人的脸就是他生活的样子。

# 适时奖赏自己
# 要比喊口号更实际

如今网购已经给我们的生活带来了天翻地覆的变化，更加丰富也更加便捷。每个女人的网络上都停泊着一辆"购物车"，各种物品琳琅满目，或者等着打折季，或者等着发薪水，抑或者只是喜欢并不一定买，偶尔打开来看一看也会心生愉悦。女人的购物车里，其实装满了个人的情趣和生活的热情。

我大到家用电器，小到蔬菜水果都会使用网购，国内的产品遍布一年四季各地特产。因为是个吃货家庭，我购物车里最多是食品，为了保证各类食材和水果的新鲜，还可以选用"次晨达"，那些带着山野气息的美味甚至可以赶得上早餐的盘子。国外的品牌则可以选择代购，世界的风情漂洋过海，等待的心都已经飞出了快乐。

我们那么努力到底是为了什么？打开各自的购物车就看出了大半的心思。不论你追求的是外在的亮丽，内在的丰盈，还是吃喝住行上的精致与讲究，都可以从购物车里看出些端倪。

能不能过上自己想要的生活，买东西上的品位和兴致就是个开始，你有趣，生活才会有趣，世界才会有趣。

让我们来看看那些有情趣的人，购物车里都有啥？

小仙女是个吃货，她的购物车里除了食材，还有各种厨房用品和用具。德国产的刀叉，她说那是吃牛排的绝配。英国产的瓷器，她说美物就需配美器，彼此成就秀色可餐。各种粗海盐，她说有些食材只要撒点盐就好，原汁原味才是绝味。小仙女的购物车里飘着各地美味的香气，也就生成别样的四季轮回，自带了仙女般的光芒。

米粒是个爱干净的处女座，她的购物车里有很多家居用品，家里永远纤尘不染，从窗帘到沙发再到大床，是分季节置办起的。

春天家里绽放百花，夏天铺满油绿，秋天可见收获的果实，冬天则是驯鹿企鹅的童话世界。米粒这样的女子不可能过得不好，即便遭遇暂时的困境，她的购物车里也满是能够支撑自己的暖意。单身的时候家是她的温柔乡，结婚的时候家是她的幸福屋。

楚楚是个时尚达人，她的购物车里不乏潮牌和轻奢，除了熟悉各类代购网站，她还了解各国的打折季，总是能用不多的钱买回不错的货。她从里到外扮靓了自己，还兼着朋友圈里的"买手"之职，常常让闺蜜们也皆大欢喜。

用她的话说："除了熟悉各种品牌的特征和特质，我们自己不总想着占卖家的便宜，就不可能买假货被人家占便宜了。"

英子是个全职太太，她的购物车里除了孩子的奶粉和玩具，还有烘焙用品。她专门去报了个烘焙班，做起蛋糕和饼干，品质不比面包房的差，用她的话说："甜品原料的价格区别很大，自己家人吃要用最好的，做出来的味道当然不一样。"

她的购物车里还会有菜种和花种，家里的大露台上种植得满满当当，甚至蔬菜都可以自给自足，英子看似不上班，其实一样忙碌得很充实。

孩子在花丛间嬉戏，她坐在阳光下喝咖啡的样子，用她家先生的话说："我在外面拼得多累，看到这一切，也都是值得的。"

小W刚毕业工作一年，月薪不过五千，她的购物车里有给老妈的羊绒衫，老爸的玉制围棋，还有自己的书和一件翅膀卫衣。她说："月底领了薪水，这些东西就会统统上路，我就等着拆快递啦。"现在连老妈都学会网购了，她的购物车里有她那个年代常用，现在却不好再买到的贝壳油、木篦子和痒痒挠。

哪怕是普通、朴素、节俭的日子，里面也一定有着各家的传统、习惯和味道，藏着生活里的情趣与情感上的满足。

网络购物车，女人们的心头痒，却又有多少个你关注过购物车里的东西是否有过变化？是否更加丰富？这里也代表着我们的情趣与品位，以及我们离自己想过的生活还要走多远。每当我想偷懒放弃，或是失望沮丧的时候，就打开自己的购物车逛一逛，那里面的东西就是我的"大力回春丸"，立马乖乖滚回到书桌前继续去努力了。

那些有意思的事都是小事，那些有情趣的人都是普通人，把生活慢慢过成自己想要的样子，其实并不困难，而且只要你想做，任何时候开始都不晚。

从细微之处发现生活的美好和世界的人文，寻找视觉的惊奇和心灵的悸动，与其每天抱怨不如立刻改变。

当你变成了一个有趣的人，那些有趣的人和事也就会接踵而至了。

从现在开始，除了你的情感和生活不能将就，买东西的时候也不要再退而求其次，让家里又会多出一堆废物，把自己陷在廉价的档次里，没有了提升空间。没钱就去想办法多赚钱，好东西和好男人一样能够帮助我们提升个人品位和价值，更具备社会竞争力。

很多时候我们买买买并不是为了显摆给别人看，而是在讨自己欢心，同样都是在努力，适时奖赏自己要比喊口号打鸡血更实际。

这不是超市里的购物车，那里只是承载着几日里的饭食用度，这是网络上的购物车，那里承载着女人们更多的情趣，买或是不买，里面都有一颗向好的心，涌动着永不磨灭的生活热情。

# 03

## 学会疏解
## 坏情绪

# 别让你的坏情绪
# 爆棚了

## [ 1 ]

昨天有条新闻：

一对大学生情侣，同乘飞机，从重庆飞北京。

登机之后，两人开始吵架。

女生说：我们俩可能不合适，冷静两天吧。

男生怒了，说：我现在死给你看，你信不信？

空乘过来劝阻：这是在飞机上，不要吵。

男生已冲到应急舱门前，伸手开门。幸被空乘阻止。

飞机抵达北京，民警也到了，有请小情侣派出所继续吵。

男生被拘15日。他对民警解释说：我当时也没想真的跳下去，只是想吓唬吓唬她，当时特别气愤，直接越过她跑过去，然后拽了拽飞机舱门的那个把手，可能太过激了吧？

对于是否想到过将机舱门拉开的后果，男生称，就是不太了解，要是了解怎么能做这种傻事，只能说吃一堑长一智，产生的后果自己还得承担，毕竟给飞机上的人带来了不便。

一起偶然事件，很难说清楚什么。不过另有文章称国人暴躁易怒，倒是说得有板有眼。

[ 2 ]

署名吕嘉健先生的微信：《我们如何走出躁郁性人格》。

文章称，吕先生有个外侄女儿，正在悉尼大学读大一，最近随母亲从澳洲来中国。

吕先生问外侄女儿：对中国最直接的印象是什么？

外侄女儿回答：就三条：

第一，无论什么人碰在一起就会争吵。

第二，无论什么事遇到就会抱怨和投诉。

第三，无论什么东西想要就会去抢和计较。没有看见过宽容和沉默低调的人。

她有证据。

[ 3 ]

第一件事儿是，她看到自己的亲戚，在高铁上，与前面座位的乘客，为了座位向后倾斜的问题，发生争执。

亲戚认为：你座位后倾，我们的空间就变狭窄了，感觉不舒服。大白天的你睡什么觉？

前排乘客寸步不让：既然座位设置了后倾功能，就可以后倾。我想睡觉就睡觉，你管我白天睡还是黑夜睡呢？

吵吵吵，谁也不肯让步。

最后，吕先生的外侄女儿，跟亲戚们换了座位，这才勉强止住争吵。

第二件事儿是：一行人外出旅行，火车误点，超过半小时了。因为是在春运期间，增加了许多班次，火车们排队进站，前一列走了，腾出车轨后一列才能进。但是亲戚对此表示不理解，牢骚满腹，一次再次无数次地去质问站台服务员，向服务员抱怨不休。服务员又能说什么？爱莫能助而已。

愤怒的亲戚，就不断打电话给铁路局调度室，投诉此事。却是越投诉越愤怒，在站台上犹如困兽暴怒，怒发冲冠，走来走去，自我折腾不休。

——吕先生评价这位失控的亲戚，称：与其说TA们没有理解力，毋宁说TA们根本就不想去理解事理。

不想去理解事理之人——最近我也有碰到。

## [4]

前段时间，我打开邮箱，清理垃圾邮件，忽然间看到条污言秽语破口大骂的邮件，大诧，急忙细看。

不曾想细看也看不明白，因为那不是第一条大骂信，是续前骂而接着骂。

要想弄明白为什么骂我，得向前翻。

我翻，我翻，我翻翻翻，连翻了十二封邮件，才找到骂头。

骂头是一封求助邮件，大意是十万火急，在线等——拜托大哥，你在线我可不一定在线呀，再说现在是微信时代，谁闲着没事趴邮箱里？——求助者搞砸了老板的大客户，求助如何挽回。

求助者发出邮件之后，耐心等了八分钟——正正好好八分钟，不见我回信提供解决方案，就认定我是端架子不理他。于是连珠炮般向我开火，咒骂我势利眼小人心只舔大老板不顾小人物死活……诸如此类。

可我已经好久没进邮箱了，就算我正好打开邮箱并回复，这问题也不是八分钟就能解决的。你以为打字不需要时间吗？

这么简单的道理，他居然想不明白。

我对他老板充满了好奇，是什么样的老板。敢用这种奇葩？

不知道求助者的年龄几何，但他的思维，绝不比三岁的婴儿更成熟。

## [ 5 ]

暴躁易怒，是婴幼儿的特权。

相比于成年人，婴幼儿的认知世界，极为狭窄。

照顾孩子时，成年人的脑子里，同时装着几十件事，隔壁老王又在门前探头探脑，老板昨天又发脾气……这些事儿每件都非同小可，有一件处理不妥，就是天塌地陷般的灾难。这焦虑的功夫，孩子突然想要支棒棒糖，根本没心思出门买，只能说句：乖宝，咱们今天不吃糖，就舔舔昨天的糖纸好了。

可是在孩子心里，整个世界只有一支棒棒糖。

孩子也不是非吃糖不可，他只是向父母索求爱，希冀获取一种心理安全感，证实父母还在爱着他。

但是父亲漫不经心的回绝，让孩子的心，霎时间跌落万丈谷底。

于孩子而言，这不是给糖不给糖的问题，而是父母是不是还爱着他，是不是还愿意保护他。拒绝意味着爱的背弃，意味着安全感的彻底丧失。

为了安全，孩子必须拼力一搏——于是，这世上就有了熊孩子，他们在地上打滚撒泼，号淘大哭，全然不体谅父母的苦衷。只是因为成年人眼里微小的要求，是他们生活保证的全部。

每个熊孩子外表下，都有颗丧失安全感的心。

[ 6 ]

孩子易于哭闹，有些孩子甚至是不达目的誓不罢休。

——这时候家长应该做的是，蹲伏身子，与孩子四目相对，柔声细语，平等对话。重要的不是说什么，而是这种交流时，带给孩子心里的安全感。

公众号心理公开课，有篇微信提到电视娱乐节目《爸爸去哪儿》中的细节。

这个细节是，演员刘烨，带孩子寻找住的地方，在他询问村民时，孩子不停地打断他，让他无法与村民对话。稍倾，刘烨蹲下来严肃地说：爸爸在跟别人讲话的时候，不要一直打断，这是咱们家里一直在讲的，对不对？这不礼貌，这是对父母的不尊重，知道吗？

这篇微信评价说：刘烨与孩子的对话方式，让孩子既认识到了自己的行为错误，又不会有自己被抛弃的感觉。

——重复一遍，不能让孩子产生自己被抛弃的感觉。

如果为父母者，了解点孩子成长的心理常识，与孩子建立起信任式的沟通，孩子就会懂事明理，长大后成为一个能够体谅他人处境的高情商者。

但父母是门遗憾的艺术，往往是等你弄明白如何教育孩子，孩子已进化为熊孩子，并长成熊大人了。


[ 7 ]

熊大人虽然成年，但心里仍然是个熊孩子。

在情绪控制上，他们仍然是懵懂的，无力自控的。

比如在飞机上和女友吵架的小男生，一言不合就开应急舱门，一点小事就寻死觅活。在他的心里，飞机里所有人的性命，都抵不上他的委屈感更重要，这是典型熊孩子欠揍症。

虽然欠揍，但还是要和风细雨，拘留所先蹲15天，再等他成长几年，等到他心里的安全感不再缺失，这时候他就成熟了。

比如在高铁上与前排座位争吵、在站台上困兽般团团乱转的亲戚，这是典型的自我意识脆弱，需要外部世界的强烈认可，因此对否定性信号极为敏感，敏感到了把正常世界，曲解为对自我的否定。

对自我控制的无力，源自于心智的不成熟，源自于内心安全感的匮乏。

需要学会控制自己的情绪。

让自己，心理年龄与生理年龄同步，成长起来。

[ 8 ]

朋友圈里，讨论控制情绪的微信文章，堪称海量。

但效果，并不明显。

为什么呢？

因为，在情绪控制方面，大多数心灵鸡汤，都犯了两个错误。

——第一，情绪是无法控制的，它是一个人的心智状态。

——第二，情绪无法控制，但可以选择宣泄。你会注意到，即使是最暴躁易怒之人，他发脾气也是很理性的，他会冲着自己至爱亲朋发火，肆无忌惮地伤害朋友亲人，但在忌惮的人面前，却是笑脸相迎。

以前有句话，叫上等人怕老婆，中等人敬老板，下等人打老婆。

现在的表述更优雅一些，会这样说：我们都很容易犯同一个错误，对陌生人太客气，而对亲密的人太苛刻。

你不是不会控制情绪。

你只是选择了对自己来说最安全的宣泄方式，而这种方式，却在伤害你与你周边的人。

[ 9 ]

一个人的人格中，无非是情绪与能力两个要素。

能力越是不足，情绪含量就越高。

能力不足，对环境的掌控就越弱，越是易于慌乱。

情绪含量高，就会失控宣泄。

所以人们说，弱者易怒，强者温和。

情绪是无法控制的，就算一时控制住，也会以更强的力度喷发出来。

真正有效控制情绪的法子，是强化能力，降低情绪值。

[ 10 ]

人和人相比，其实没多大区别。

每个人都是情绪化的产物，忽悲忽喜，有哭有笑。但人生的事业境界判若云泥，差别不在情绪控制上，而在于能力强弱上。

——情绪要向自己的人生未来目标喷射，可不可以对自己发个狠？人活一世，草木一秋，能不能认认真真活出点人样来？只为自己而活，只为自己这一世的生命负责？人死留名，豹死留皮，总不能任由时光蹉跎，到老来回首往事，恍然间泪如雨下，哎呀妈，我这辈子好象还没认真活过……没有经过思考的人生，不值得活，人生的意义就在于生命价值的深度开发，把暴戾和愤怒转向自己，为自己立一个值得追求数十年的人生目标?

　　——先有个大目标，追求高品质的人生。再把大目标拆分细化，分成一个个短期的小目标。小目标同样也需要发狠咬牙，如有位朋友，在他的床前贴了张标语：我今天要读十页《资治通鉴》！不过是十页书而已，每天十页，十天百页，一个月就是一本书，一年就是十二本书。又或是不读书，也一定要和最有见识的朋友聊聊天，每天进步一点点，没多久你就是个让人敬佩的进取者。

　　——着手改善自己的环境，书房，或者是读书角，优化朋友圈。最成功的朋友圈，是每个朋友都比你优秀，耳濡目染，水滴石穿，渐渐地，你会发现，你生活的压力越来越小，因为你的生存能力越来越强。等到你能够胜任自己的人生，激烈的情绪才会缓和下来。

　　——定时给自己充电，鼓气。人的天性，是易于怠惰的，行百里者半九十。经常会有坚持不下去，希望放纵自我的时候。偶一放纵也无妨，但切莫忘了找回自己的路。需要形成从优秀再到优秀的良性环境，这时候的放纵，也不过是让心灵愉悦的人生闲趣。

　　暴躁易怒的人，只是无力面对现实环境。生存能力不足时，所谓情绪控制，不过是畏缩退忍，治标莫如治本，屈忍莫如进取。只有当你找回生命的尊严，为人生荣誉而战，在这过程中伴随你能力成长，心灵强大，那极不稳定的情绪，才会如风雨过后的水面，渐然趋于平静，呈现出美丽惊人的湖光山色。

# 你的徘徊不定是因为
# 你的梦想还不够日渐丰满

因为写稿的关系，我认识了在杂志社做编辑的女生小陆。工作三年了，依旧时不时地被领导训到叫苦连天，每当这个时候，她都会发狠地说："再训我一次，我就跳槽。"又过去了一年多，不知被训了多少次，她还是没有辞职，仍然口口声声"机会一到，马上走人"。

某一天，我问她说："如果你不做编辑了，你想好去做什么了吗？"她停顿好久回答："如果我知道我能做什么，早就辞职了。我现在迷茫死了。"

我试着问："你没有什么特别想做的事情吗？比如说从小到大一直有的梦想。"她不好意思地说："有啊，我想去做导游，不是国内的这种，而是带国际团的那种。""挺好的啊，为什么不去试试呢？"我问。

她噘着嘴说："你知道的，我英语六级都没过，其他的语种一个单词都不会读，我连知道哪个国家有哪些景点都不知道，还怎么带别人呢？"我想也是啊，这个梦想虽然听上去光彩照人，但实现起来确实有难度。

好奇的我接着问："为什么最后选择了做编辑呢？"她蔫了一样，说："本科学的中文，又不想做老师、考公务员，自己比较喜欢而且相对来说容易找到工作的就是编辑了吧。当时来这个小杂志社时，信心满满，想着把它作为过渡，等到能力达到了，有了一定的工作年限，就跳槽去一个大点的杂志社。大学刚毕业时，我告诉自己：做一个好编辑就是我二十岁之后的梦想，但坚持到现在，我却觉得我一点不适合做编辑，社里来的新人都比我做得好，我作为老员工，却一直遭领导批评。我很纠结，我到底还能做什么？"

最近她把自己的心情换成了"迷茫死了，什么活在当下啊，如果连自己应该做什么都不知道，你怎么就能知道自己现在坚持的就是对的"。说实话，看到这句话的时候，我是挺心痛的。

因为我也有过很深的迷茫，到现在也还会时不时地对自己所做的事情感到怀疑，但是我也知道，迷茫是生活的常态，很多时候，它只是才华配不上梦想而已。我们所能做的就是一点点给自己的才华养精蓄锐，在梦想的道路上，狂奔得更快一些，脚踩得更踏实一些。

最可怕的不是我们行动得慢，或是才华增长得少，而是我们一直停留在一个静止的状态，每天都在抱怨和厌倦中度过，而从没有为更好的自己做出一点改变。

小陆就是如此。虽然她经常被领导批评，但是我几乎没有察觉到她在努力修正自己的错误，每次都是发心情，抱怨一通了事儿；下一次，遇到这种问题，同样的错误还会照犯不误。

等我过了几天，打开电脑一看，那个稿件原封不动地躺在我的邮箱里，还附上了几句话："因为临近截稿日期了，我就把稿子直接发给了主任，主任说字数太多，又把我训斥了一顿，你看到稿件之后，一小时之内一定要删改好发给我啊，我们一定要尽快，否则我就完蛋了。"

我当时就惊呆了，与其让这个稿子在邮箱里放上两天，你作为一个编辑删删改改难道就不行吗？编辑难道没有这个责任吗？两天的时间足够改好一篇稿子了吧？

后来，我又听其他的作者抱怨她："有一次，忘记了写某个旅游达人第一次出国旅游的时间，其实在网上一查就可以查到，她却非得给我打电话，让我去查。那次，正好没能及时接到电话，她还生气了。"

还有作者说："我拿到样刊后，看到我的文章里有好几个错别字，虽然我有错在先，但是作为编辑帮作者改几个错别字难道不应该吗？"于是，我似乎知道了她为什么一直被领导训斥的原因，也明了了她为什么口口声声说自己迷茫的原因。

她不是被领导和其他人否定的，而是被自己否定的。既然你把做一个好编辑作为今后的梦想和事业，那就应该从点滴开始，按照好编辑的要求来训练自己啊，可是她却没有。说白了，在工作这件事上，吊儿郎当，别说是同事不尊敬她，连作者也有些讨厌她了。

她所谓的迷茫，就是作为一个编辑的才华，还配不上她想成为一名好编辑的梦想。这怪不得别人，有好几年的时间，可以改变自己来实现梦想，但她却没有让自己的才华和能力，增长哪怕一点点，到最后，只能给自己一个迷茫的定位，艰难度日。

我曾经以为好多人的迷茫是因为没有梦想，但后来我发现我错了，其实，每个人都是有梦想的，这个梦想可大可小，都是值得自己去奔赴的。

我有一个表弟，从小到大就是不招人待见的"坏孩子"，打架骂人，凡是和坏有关的事情他都会去做。初中毕业做了几年的厨师，突然转行去学习拳击，家里人都说他不务正业，有一次，我问他为什么会有学拳击的想法，他有些腼腆地说："我从小就想当一个健身教练，上学的时候打架，觉得打得过人家，就说明自己力量大、身体棒；长大之后，才知道必须经过专业的训练才可以。我这种野路子出家的人，不知道可不可以，但我还是想试一试。"

才华也是，有大有小。有大才华的人，连吃个东西都可以吃出学问来，而普通之人的才华大多数都是小才华，需要付出很多的汗水和辛劳才能取得那么一点点的进步。

但即便如此，每天能处在一点点进步之中的人，绝不会迷茫。相反地，那些看不起或者无视小进步的人，才会真正地迷茫；那些对自己的才华不自知的人，才会真正地迷茫。

所以说，克服迷茫的方法，无外乎其他，就是抓住现有的生活，狠狠地向前，努力让自己做得更好，而不是站在那里，仰望天空，抱怨未来的遥远。我想倘若小陆能够认真对待每一个稿件，即便她的起点很低，三五年的时间内，也足够完成一个华丽的转变，而不是像现在一样，如同刚刚大学毕业的学生一样，抱怨生活的艰难和工作的不适。

如果你有大才华，就去追求大梦想；如果你觉得自己的能力有限，才华也不够支撑起你的野心，那就安静下来，扎进小的失败和挫折中，汲取营养。如果不能成为豹子，那就成为一只漂亮高贵的梅花鹿，起码人见人爱。

不要迷茫了，把当下的、手头的工作做到极致，前途肯定会一片明朗。请记得：如果需要反省，一定不是在梦想上下功夫，徘徊不定，而是要在才华上卧薪尝胆，反思它为什么不能日渐丰满。

# 善待自己，从这里开始

## [1]

数据显示，大多数人处于"亚健康"的状态，患病者趋向年轻化。

很多人，认为自己年轻，任性地透支自己的健康：

不规律的作息时间，熬夜加班或者通宵玩游戏；

平常基本不运动，上下楼乘电梯，出门坐车；

长时间上网，饮食没规律，甚至长期不吃早餐；

……

非要等身体发出警报，才开始重视，这样是不可取的。

我所居住的小城在传播一则消息，新华印刷厂名声显赫的厂长，在洗澡时不慎摔跤，突发心肌梗死当天过世。年仅50岁且拥有上亿资产，连遗嘱都没来得及写，就匆匆离去。

很多人不懂，人生在世最重要的是活着，忙着自己的事业，到生死关头才发现，你一生忙碌却忽略了最该珍惜的东西。

很可能那位厂长平时忙于工作、加班应酬，再加上喝酒抽烟一些不好的习惯，没及时注意自己的身体变化，才会诱发心肌梗死，搭上自己的性命。

我们大都为优渥的物质生活而努力奋斗，却常常在拼搏途中迷失了自我；

我们总以为自己坚不可摧，总以为自己无所不能，但拼的却是你的健康；

只有当你放慢生命的齿轮，才能更舒心、坦然地去学习、工作和生活。

[ 2 ]

熊大叔做传统生意，事事亲力亲为，从搬货到送货、下架、销售；因为忙着赚钱，夫妻俩常常饭都没有时间吃。一天熊大叔和朋友喝酒，两三杯下肚，突然心绞痛，急忙就近去了小诊所。发现医生误诊打点滴不见效，赶紧送去县医院；说是急发性心肌梗死，错过黄金抢救六小时就回天无力。

从鬼门关走了一遭，病床上虚弱的熊大叔，心里还惦记着送货，平时省吃俭用大半辈子，不注意身体，一进医院就是大病，随随便便花费十几万元。

我们总是在追寻一些东西，在寻寻觅觅的忙碌中，貌似精彩却疲惫不堪。

我们所做的一切，不应该都是为最终的追求服务的吗？不应该是为了自我价值的实现、为了更高的精神需求、为了陪伴家人、为了内心的"满足感"才去奋斗的吗？

但大多数人在忙碌的过程中，都忽略了这点。

柳青是高盛历史上最为年轻的董事总经理之一，滴滴公司总裁。2015年柳青入选《福布斯》亚洲商界权势女性的50位榜单，位列2015年值得关注的亚洲女性高管。

这位年轻、美丽、能干的姑娘，在事业上蒸蒸日上，取得了令人瞩目发展的时刻，却宣称得了乳腺癌。长时间的超负荷工作，忽略了身体健康，只愿她能早日康复，找到舒适的生活节奏。

这无疑给了当今很多年轻都市白领警示，在极度高压力高强度的工作环境下，每个人都应该更加关注自己的身体，多保重。

## [ 3 ]

工作并不是全部的生活，找到一份业余爱好和精神寄托同样重要。

微博上有一个叫丁寒茹的女孩，26岁肝癌晚期，孙燕姿歌迷，娃娃脸。病情恶化得很快，但她将生病的痛苦，转化为鼓励大家健康生活的力量。最后的样子是扎着妈妈给梳的小羊角辫，像无忧无虑的童年时代一样。她时常善意地提醒大家要注意身体，早睡早起，健康膳食，不要像她那样。

松浦弥太郎，被称为是"全日本最会生活的男人"。平日在家中，他会用心地做食物，哪怕泡一杯燕麦片，煎一只荷包蛋，都会郑重其事用心地对待。

在今天快节奏的生活中，我们拼命工作、牺牲健康去换取财富，依然掩盖不了厚重的黑眼圈和疲惫感。

真正高品质的生活，不是用金钱堆砌的奢侈品，而是你可以每天早起为家人精心准备营养早餐、工作回家慵懒地看一本书沏一壶清香扑鼻的茶、为你最爱的人煮一锅香气四溢的养生汤。

杨绛女士在饮食上很节制，量身定做了一套完美的食物优化清单。少吃油腻，喜欢买了大棒骨敲碎煮汤，再用汤煮黑木耳，每天一小碗。她还习惯每日早上散步、做大雁功，时常徘徊树下，呼吸新鲜空气。这是节制、从容、优雅的生活，是将琐碎的日常过出了艺术的精髓。

## [ 4 ]

大冰说过，最好的生活是既能朝九晚五又能浪迹天涯，我很认同，这是一种高雅的追求，保持工作和旅游的平衡。

比拼搏更重要的事是学会享受生活，工作需要劳逸结合、张弛有度。

朱光潜说过：

不休息的工作是浪费时间，休息不仅为工作蓄力，而且有时工作必须在休息中酝酿成熟。人须有生趣，才能有生机。

生趣是在生活中所领略的快乐，生机是生活发扬所需要的力量。

健康和自由，远比一切都重要，即使工作繁忙条件有限，生活也需要用心。我很佩服那些坚持跑马拉松的人，他们有对美好生命的热情和执着，有迎风奔跑的活力。还能带来身心的愉悦，既能保持好的体力，又可以磨炼自己的意志。

不要把生活过得太随便，常常忙忘记了吃饭，随便将就着，身体有什么小病痛都扛着。用自己的青春和健康做赌注，去换取所谓的成功，是不可取的，注定得不偿失。真正的人生赢家不是功成名就，不允许任何一秒钟的浪费；而是在工作之余有丰富的生活，有很好的生活状态。

生活的仪式感很重要，希望你把茶米油盐的生活过得有诗意，偶尔来一场说走就走的旅行；偶尔去看场电影、听一曲音乐、看一本书；一个人也要做一顿丰盛的美食；珍惜和朋友亲人相聚的时光。

愿你能善待自己，热爱生活，享受喜悦，成为一个有趣的人。

人生最大的成功，就是健康地活着。

请远离不良的生活方式，健康生活从今天开始。

# 活出自信，你的人生才会充满希望和阳光

在这个世界上，我们不可能事事顺心，处处如意。总会有很多残酷的事实和境遇是我们无法回避、无法选择又无法改变的。如果因此而怨天尤人，自我消沉，那你的人生只剩下苦闷和抱怨了。所以，不管是生活还是工作，都应该坦然接受不可改变的事实。这绝不是逆来顺受或者不思进取，这只是一种积极的顺其自然的人生态度。

人生本来就是一个输赢交错的过程，就是诸葛亮再世也无法准确预测和掌控不可预知的未来，更不能改变过去既成的事实。所以，与其死死纠缠在不可改变的过去，还不如改变心态，坦然接受，放眼未来。

人生总要遇到这样那样的磨难，好比唐僧西天取经，总有劫难等着你去克服。事实不会因为你的痛苦就发生改变，如果你能保持良好的心态，采取积极的行动，那么磨难就会变成"磨刀石"，不但让你卷土重来、东山再起，还使你变得更加出类拔萃。

已故的美国小说家塔金顿常说："我可以忍受一切变故，除了失明。我绝不能忍受失明。"可是在他60岁的某一天，当他看着地毯时，却发现地毯的颜色渐渐模糊，看不出图案。他去看医生，得到了残酷的证实：他即将失明。有一只眼差不多全瞎了，另一只也接近失明，他最恐惧的事终于发生了。

塔金顿对这最大的灾难如何反应呢？他是否觉得："完了，我的人生完了！"完全不是。令他惊讶的是，他还蛮愉快的，他甚至发挥了他的幽默感。那

些浮游的斑点阻挡他的视力，当大斑点晃过他的视野时，他会说："嗨！又是这个大家伙，不知他今早要到哪儿去！"完全失明后，塔金顿说："我现在已经接受了这个事实，也可以面对任何状况。"

为了恢复视力，塔金顿在一年内得接受十二次以上的手术，而且只是采取局部麻醉。他会抗拒它吗？他了解这是必须的，无可逃避的，唯一能做的就是优雅地接受。他放弃了私人病房，而和大家一起住在大众病房，想办法让大家高兴一点。当他必须再次接受手术时，他提醒自己是何等幸运："多奇妙啊，科学已经进步到连人眼如此精细的器官都能动手术了。"

当真正面对无法改变的事实的时候，其实每个人都能接受，就像本以为自己绝不能忍受失明的塔金顿一样。这个时候他却说："我不愿用快乐的经验来替换这次机会。"他因此学会了接受，并相信人生没有任何事会超过他的容忍力。

成功学大师卡耐基说："有一次我拒不接受我遇到的一种不可改变的情况。我像个蠢蛋，不断作无谓的反抗，结果带来无眠的夜晚，我把自己整得很惨。终于，经过一年的自我折磨，我不得不接受我无法改变的事实。"

西方有句谚语："不要为打翻的牛奶杯而哭泣"，这与中国的一个成语"覆水难收"有着异曲同工之妙。用流行的话来说，"你可以设法改变三分钟以前的事情所产生的后果，但你不可能改变三分钟之前发生的事情。"是啊，事实已经发生，就算肠子悔青了也没有"月光宝盒"送你回到过去，所以，不如将精力放在如何解决问题上，避免以后再犯同样的错误。

金融危机爆发的时候，谭先生十分庆幸自己没买股票，谁知他的妻子却号啕大哭，说她把家里60万元的存款给了一个朋友做投资，说一年的收益非常可观，可现在朋友破产，人也消失了，60万元打了水漂。

谭先生一阵头晕眼花，这意味着，他这十多年的辛苦努力全白费了，真是应了那句"辛辛苦苦二十年，一夜回到解放前！"谭先生真想把妻子痛打一顿，可是他很快冷静下来，他对满脸泪水的妻子说："命里没有莫强求，钱已经丢了，再哭也哭不回来。幸好我还有一份不错的工作，咱们的生活还是不成问题的。"

谭先生虽然嘴上说得淡定，可是他心里清楚自己的小康之家已彻底沦落成真的无产阶级家庭了。其实他的工资也不是很丰厚，虽然够家里每个月的开支，可是女儿马上就要上大学，夫妻双方的父母年纪都大了需要他们照顾，谭先生感到了前所未有的压力。

可生活还要坚持下去，于是，谭先生和妻子商量用各种"开源节流"的办法来应对：谭先生戒了烟；名牌衣服不买了，以前的旧衣服整理一下也很好，很多还都是新的；朋友聚会尽量在家吃；尽量不打的，出门坐公交；妻子开了个小卖铺赚些钱……

就这样，谭先生家的日子虽然过得辛苦了些，但是依然有条不紊地向前进行着，一家人都相信，只要同心协力，满怀信心，日子会一天天好起来的。

不幸的发生，往往是因为我们对事物做出了错误的估计，因此不得不付出代价。但是，错误已经发生，懊悔、暴怒、颓废都无济于事，只能让事情变得更糟。不如向谭先生学习，勇敢面对突如其来的灾难，用平静的心态去承受不可更改的事实，想办法去解决问题，而不是企图"回到过去"。

面对不可避免的事实，我们就应该学着做到诗人惠特曼所说的："让我们学着像树木一样顺其自然，面对黑夜、风暴、饥饿、意外与挫折。"

坦然接受现实，并不等于束手接受所有的不幸。只要有任何可以挽救的机会，我们就应该奋斗。但是，当我们无法挽回无法改变的时候，就不要再踌躇不前，拒绝面对。要接受不可避免的事实，唯有如此，才能在人生的道路上掌握好平衡。

# 放下自卑，活出自信

你的自卑来自哪里？容貌、金钱还是性格？容貌是天生的，自信的人最饱满最耐看，更何况审美观是因人而异的；金钱是双手挣来的，只要努力，你也可以获得，关键是自己有信心，肯吃苦耐劳，钱是挣不完的；性格取决于你自己，愿不愿意敞开心胸跟人沟通交流，只要有诚意和热情，你就会变得开朗大方。其实每个人在不同的时期，都会产生程度不同的自卑心理。所以只有正确面对，勇敢甩掉自卑的包袱，释放自己，才能做最好的自己。

或许你没有秀美的容颜，也没有聪颖的天资；或许你没有骄人的学业，也没有出众的才华；又或许你没有显赫的家世，也没有耀眼的工作……总之，自己身上千疮百孔，没有任何闪光点，而别人看起来都是幸福优秀的人，看到别人幸福的微笑都觉得是对自己无情的嘲笑。

自卑是许多悲剧的根源所在。我们希望像他人那样去生活，像他人一样地为人处事。也因此将自我置于别人之下，先比较，然后批判自己，无限夸大别人的能力，这种夸大又反衬出自己的渺小，这是伤害自我的致命武器。我们会觉得自己各方面都不如人，有各种各样的缺点和不足，而别人却完美无瑕。也许我们本来极为优秀，但在内心里却轻视自己。我们内心焦虑不安，没有自己的主见，用别人的判断标准扼杀了自己的信心。

自卑是自我挫败的源头。我们很容易因为自我条件不足而产生自卑心理，这在生活、感情、职场中也是阻碍成功的大敌。不管你承认与否，自卑者面对生活缺乏勇气，不敢与强大的外力相抗衡，才会使自己在痛苦的陷阱中挣扎。有谁愿意成为一个带有自卑性格的人呢？我相信所有自卑的人都渴望把"自卑"这个沉重的包袱重重地摔在地上，从此挺胸抬头，脸上洋溢着自信的微笑。

有一个23岁的女孩，身边有一位成熟稳重、经济条件不错的男人一直密切关注着她——那是她的钻石王老五上司。她是一个敏感的女生，怎会不知道？然而，由于潜意识里的自卑感在作祟，她总不肯给他表白的机会。她在心里发誓：要做就做他身边最优秀的女人，将其他女人比下去，然后才坦然接受他的爱。

从此以后，她拒绝了他的一切邀请，深居简出，埋头苦读，终于考上了她一直向往的，他曾经就读过的那所著名学府的研究生。当他提出送她去上学时，她婉言谢绝了，她觉得自己不该是一个不谙世事的小丫头、只会读书的小呆子，而应该是一个高分高能的天之娇女。她要借助任何一次机会锻炼自己，为的是将来能够与他并肩站立，成为他的同行者，而不会自惭形秽。在读研期间，她潜心做学问，又多方锻炼自己的心智，磨炼自己的毅力，如愿以偿，她变得那般出类拔萃，导师觉得她不读博士真是浪费。于是，她又花了三年时间读完博士。院里挽留她，并允诺送她出国，而她却无心逗留，想让他看到自己经过这六年时间变得如此优秀的愿望显得那么强烈。她，终于带着美好的期待飞回到他所在的城市。这一次，是她主动约的他，她想向他显示：自己足够优秀成为他的帮手；她还想让他意识到：她有了做他好太太的完美条件。然而，他与她坐在咖啡屋里还没说几句话，他的手机就响了，他接起来："啊？儿子又发烧了，好，你等着，我这就回去送他去医院。"然后，他略带歉意地对她说："我儿子生病了，我太太很紧张，现在他们很需要我在他们身边，我们以后有空再聊，好吗？"如晴天霹雳将她击中，她只剩下机械地点头，机械地回答："好！"除此之外，她还能说什么？做什么？

故事中的女孩由于内心的自卑不愿意接受上司的追求，她固执地以为只有自己足够优秀时，才能够配得上他！然后，她就想尽一切办法要让自己变得更加优秀。然而，当有一天她真的觉得自己足以匹配那个优秀的男人时，才发现幸福早已不在自己的身边。其实，是门当户对的世俗爱情观使得她失去了原本属于自己的东西。优秀固然很重要，可是比起得到幸福来说，就显得微不足道了！

在优秀的追求者面前，我们没有必要自卑，因为爱情与幸福对任何人来说都是平等。当爱来了，就请勇敢地接受吧，别为世俗的眼光而毁掉了自己一生的幸福，有时候，我们真的没有必要刻意地去追求优秀，毕竟优秀只是外在的条件，就犹如一个美丽的装饰品，有了自然让人赏心悦目，没有，依然可以快快乐乐地活着。

挫折与坎坷也是生活的一部分，逆境时有发生。出于许多原因，在复杂的社会中我们经常要面对失败。没有人能够避免和逃脱日常生活不期而遇的变故。这些变故让我们的处境变得尴尬和艰难。没有闭月羞花之貌，没有经天纬地之才，没有一个官爸爸或富爸爸，相比之下，我们什么也没有，好像只有自卑了。

从前，在夏威夷有一对双胞胎王子，有一天国王想为大王子娶媳妇了，便问他喜欢怎样的女性。

大王子回答："我喜欢瘦的女孩子。"而知道了这消息的岛上年轻女性想："如果顺利的话，或许能攀上枝头作凤凰。"于是大家争先恐后地开始减肥。

不知不觉，岛上几乎没有胖的女性了。不仅如此，因为女孩子一碰面就竞相比较谁更苗条，甚至出现了因为营养不良而得重病的情况。但后来却出现了意外的情况。大王子因为生病一下子就过世了，因此仓促决定由弟弟来继承王位。

于是国王又想为小王子娶媳妇，便问他同样的问题。"现在女孩都太瘦弱了，而我比较喜欢丰满的女性。"小王子说。

知道消息的岛上年轻女性，开始竞相大吃特吃，于是，岛上几乎没有瘦的女性了，但岛上的食物也被吃得匮乏，甚至连预防饥荒的粮食也几乎被吃光了。

最后王子所选的新娘，却是一位不胖不瘦的女性。王子的理由是："不胖不瘦的女性，更显青春而健康。"

每个人的审美观并不相同，太看重别人的评价或因为自己一点的缺陷就自卑，不但没有必要，而且会影响自己正常的生活。

一个自卑的人的特点是：认为别人都比自己强，自己处处不如别人。轻视、怀疑自己的力量和能力。自己与自己的较量是最残酷的，因为我们面对的不是别人，而是我们自己，只要稍不留神，就会被自卑钻了空子。在人生的道路上，成功的人都是战胜了自己的人，而失败的人都被自己的自卑感给压垮了。自卑感在每个人身上都或多或少地存在，但我们不应被自卑吓倒，而应超越自卑，让它升华为一种良好品格：谦虚谨慎，不骄不躁，继而转化成进取的动力。只有这样，你才会活得开心，活出自信，你的人生才会充满希望和阳光。

# 不妨换一个角度
# 看你的生活

最近加入一个读书群，天南海北、各行各业的人都有。大家没事的时候，除了聊一聊读书心得，也会偶尔谈谈个人感受。某天，微友小花就在群里发了这么一句话："我不想一个人上班、一个人吃饭、一个人睡觉，我想找个人陪着我，和我谈恋爱、结婚、生孩子。"

一石激起千层浪，针对这个话题，众多的微友纷纷回应她。

A说："有时候一个人待着，是件奢侈的事情。"

B说："结婚不是两个人的事情，是两个家庭的事情，要做好充分的心理准备。"

换一种态度生活，日子每天都精彩

C说："婚姻就像围城，城里的想出去，城外的想进来，当你经历，你就懂了。"

D说："我现在每天在家带孩子，都快和社会脱节了。"

……

我盯着不断滚动刷屏的上百条信息，一直没有发话，倒不是不想凑这个热闹，而是想做个静静的旁观者，透过这么一个群，了解时下人们对情感婚姻生活都有些什么看法。

通过群友的对话，不难发现，现在的人们对现实生活多少是怀有一些悲观情绪的。单身的觉得单身孤独无助，渴望找个人和自己聊天、吃饭、睡觉。而不单身或者已婚的人士，则拼命地渴望逃离牢笼，似乎情感婚姻成为了他们生活的一个枷锁。

事实上，人们为什么会有这种想法，多半是因为理想与现实的落差。我们都说理想是丰满的，现实是骨感的。当人们想象中的美好情感或者婚姻遇到了柴米油盐酱醋茶的时候，日子不再是不食人间烟火的"神仙状态"，而是每天都要和锅碗瓢盆打交道。这时候，很多人一下子无法适应，也无法接受，尤其是有了孩子以后，上有大下有小，一边要顾及正在蒸蒸日上的事业，一边则要管理好一家老小的吃喝拉撒，再能干的人都有可能一下子乱了阵脚甚至忙得焦头烂额，就别说那些没有心理准备的人了。在这样的情况下，那一部分适应能力较差的人，多多少少开始觉得情感或婚姻是一个麻烦事，束缚了自己的生活，让生活失去了自由。于是他们开始不停地劝告那些单身的人们，不要轻易跳进这个围城，其实里面的人都想出去。

作为一个曾经独立生活很多年，现在已经步入婚姻的女人，我倒不觉得单身或者不单身和生活过得好不好、自不自由有多大关联。在我看来，一个人也有一个人的精彩，两个人也有两个人的美好，关键是我们面对生活的态度。

一个人生活，其实并不等于孤独寂寞，相反，一个人没有那么多牵绊，做任何计划或行动都不受约束。可以读书、健身、交友、参与各种社交活动等等，日子照样过得有滋有味。我一直觉得一个人一定要培养自己的一两项兴趣爱好，不然整天宅在家里定是要孤独和寂寞的。

我就认识这么一个女生，她27岁，未婚。这些年，当别人都觉得一个人孤独寂寞的时候，她一次次选择了一个人旅行，每到一个城市她会居住一年半载，攒够路费，然后离开，到了另外一个城市，又会这样。后来，她把她一个人旅行的经历写成了文章，受到了很多人的追捧。当别人问她，一个人孤不孤独的时候，她是这样回答的："这要看你的生活态度，一个人如果知道自己想要什么、想怎么活，哪怕是一个人也不会孤独。而如果你特别强烈渴望要通过寻找另外一个人，将自己的幸福和快乐托付在他或者她身上的时候，说明你都没有过好自己，和谁在一起都可能会孤独和寂寞。"

我觉得拥有这样的生活态度的人，不管是一个人还是两个人生活，他们都不会过得太差。

在我眼里，两个人生活，不见得就是束缚。至少两个人可以相互分担忧愁烦恼、分享喜怒哀乐，甚至遇到困难的时候，可以有个人帮忙出个点子、给个建议，甚至家里马桶盖、电灯泡坏了的时候，有个人可以搭把手一起维修。

看过一句话："有些人不管嫁给谁都能幸福。"说的就是那些积极乐观、永远微笑面对生活的人，不管他们遇到什么艰难困苦，总能用积极乐观的态度面对生活，所以他们总是能够迎难而上，把日子过得有滋有味。确实，一个心里充满阳光的人，生活怎么可能拥有太多阴霾；一个人整天面带微笑的人，日子怎么可能过得无比糟糕。

有时候，换一种态度生活，一个人的时候，享受那份难得的自由和自在；两个人的时候，感受那份彼此搀扶的温暖和美好，日子同样过得丰富多彩。

# 纯粹多一点，
## 恐惧也就少一些

原本以为，一个人经历太多，便无法不变得复杂。如今恍悟，是因为走得不够远，所以才未抵达天真。

《疯狂动物城》很好看，因为天真。天真地信，天真地爱，天真地努力，天真地追求梦想。

故事的主人公，是一只叫朱莉的小兔子，貌不惊人，出身平凡，人生梦想就是当警察。

但这条道路并不顺利。路障太多了，不仅来自敌人，还来自同伙。

领导打压她，给她穿尽小鞋，勒令主动请缨的她两天内破一大案，否则就夹着尾巴滚蛋。

看到这里，你我都会有一种熟悉感。当年初出茅庐，都遇过类似的困境。处境的逼仄，偏见的横行，梦想的邈远，前进的举步维艰，稍微优秀一点，就会有非议伴随。

但这就是成人社会。

在这个社会里，从俗是常态，不服输是不合时宜，而梦想，则是一件让人笑掉大牙的事。

朱莉遇到的情况，和我们一模一样。

但她和我们不一样的是，她没有那么早妥协。因为希望。

有希望的人，就会有骨头，不会轻易在泥沙俱下的现实里，像肉泥一样瘫下去；不会在强大的压力面前，过早地趴下，一路匍匐。

后来，她怀着一腔孤勇，逢山开路，遇水搭桥，和狐狸一起，破获了这桩失踪大案，成了动物邦的英雄。

当然，这并非最终的收梢。

人生不是折子戏，而是不断更新的超长连续剧，一部终了，第二部、第三部……第N部接踵而来，每一部里都有新鲜出炉的挑战，场景不一的战场，等着她再次打怪升级。

谁能笑到最后？

《疯狂动物城》告诉我们：不是强大的肉食者，也不是最狡诈的羊咩咩，更不是位高权重的狮子市长，而是天真的朱莉。

因为天真，她具有许多明亮的品质。

与人为善，不标签化每个群体，因此得到狐狸与鼠公主的帮助；

有梦想，有勇气，在水牛局长的强压和周围的低评价下，还是很轴很轴地去做自己想做的事；

底线分明，面对羊咩咩的恐吓与收买，能够坚决地说"不"。

还有知错能改，有趣有激情有情怀，优点如缕，不一一列举。

一个人如果有了这些，哪怕不会成为世俗意义上的成功者，也一定是人群中最夺目的人。

悲哀的是，在时下的中国，这些闪光的品质，已经被解构得乱七八糟。

我们会说，善良是愚蠢，相信梦想和勇气是鸡汤，底线分明是没有生存能力，天真？你特么干嘛骂我！因为它的潜台词是：太傻了，不活络，一身呆子气。

然后，整国整国的人，接二连三地，在冷漠麻木世故虚伪这条道路上，扬鞭策马，呼啸奔腾而去。

曾经有人问，我们在长大的过程中，逐渐世故，练习心术，学习手段，变成一个擅长伪装并暗藏杀招的高手，复杂到我们自己都不认识，是因为什么？

拜金拜权拜物吗？不太准确。欲望吗？也不全对。

思来想去，还是因为恐惧。

恐惧各种可能性的伤害，恐惧陷阱与埋伏，恐惧来自敌营的明枪与来自友朋的暗箭，所以防患于未然，先把自己硬化成一种兵器，复杂化为一本兵法。

我们以为，越防御，越安全。

殊不知，越世故，越短视。

被六便士所惑，自然看不见月亮；被井底所困，就会忽略星空；被算计、情欲与家长里短所消耗，就会忘记其他的可能。

长陷于此，所见所闻所思，都是蝇营狗苟，自然会觉得人心险恶，危机重重，每一步都得苦心孤诣，否则难以自保。

但真的需要这样紧张么？

和菜头说得好，你没有那么多可失去的。认真看看生活，它并不安全，但也没那么危险。

我们都被自己的臆想吓住了，也被自己的恐惧绑架了。而恐惧，正是卓越的天敌。

真正的成长，既是不断学习，也是给自己松绑。摆脱恐惧的绳络，重获心灵自由，恢复人类的天真。

只有足够天真的人，才会创造一个个奇迹。

比如费曼，比如爱因斯坦，比如电影中的朱莉。

在这个意义上，皮克斯与迪士尼功德无量，它们用一个个萌逗的故事，好脾气地拯救我们逐渐坍塌的价值观，重申人类常识，告诉我们：爱是好的，希望是好的，自由是好的，努力是好的。

而这些，都是人类观念中的自然法。

# 掌握自己的节奏，别跟着别人瞎跑

## [ 1 ]

安安有个特别优秀的好友，成绩冒尖，出类拔萃，她说她时常会拿自己与她比较，时间久了觉得压力特别大。一开始是羡慕崇拜，后来心里越来越不平衡，逐渐转变成一种嫉妒。连她自己也没想到，这种心态竟渗透到了她与她平日的交往里，严重影响了两人之间的友谊。

安安问我怎么办，她说，我非常重视这个朋友，但每当看到她站在聚光灯下被褒奖的样子，就会觉得自己一无是处无地自容，随后便会难过，心情跌至谷底。

安安的故事让我想起了我的初中同学易依，她也总爱拿自己与别人比较。

易依是个性格内向的女生，不爱说话，有点儿孤僻。因为个子高的缘故，班主任安排她坐在教室最后一排靠窗的位置。她对自己要求很高，时常看见她在下课时分依旧端坐在自己的位子上看书做题，把头埋得低低的，一副两耳不闻窗外事的样子。她是我们班公认的尖子生，每次班级排名前五里总有她的名字。

可即便在众人眼里她是那般优秀，她仍然觉得自己不够好。初三那年第三次月考，易依发挥失常，遭遇滑铁卢，意外地掉出班级前五，落在了十名开外。

毫无征兆的，那天她领完试卷回到座位，"哇"的一声就哭了，吓坏了所有人。老师不得不中断教学，跑去她身边安慰她。

那天之后的第二天，易依没来上学。谁都没想到，往后的一个月里，易依竟再也没出现过。我们辗转打听后才得知，易依患上了抑郁症，正在家中接受治疗。

后来的某一天，我和易依在小区里偶遇。彼时，她神情轻松了不少，身边跟着一个模样俊俏的心理咨询师。

之后她休学了半年，也因此而错过了当年的中考。

[ 2 ]

与易依有着类似经历的还有我二姨。年轻时，她在市中心的一家医院当护士，薪资可观，可她总爱与人比较。

她是个好强之人，好胜心大过天。一心想当护士长，可偏偏事与愿违。

那一年是她最后一次竞选，为此她准备了好多天，演讲稿反复修改了好多次。没承想，最后还是未能竞选上，护士长的名额被内定给了一位院长家属。

这件事无疑让二姨的内心受到了重创。她开始拿自己的长处与别人的短处作比较，抱怨社会的不公，抱怨自己怀才不遇，抱怨自己仕途不顺。

不久之后，她患上了抑郁症。后来听说与同事相处得不太愉快，被调去了医院分部。再后来，她便辞职内退了。

如今，她仍旧未能改掉爱与人比较的毛病。

年前见面，她拉着我的手一阵哀叹"我家浩浩要是能与你一样天资聪慧就好了。可惜他生来愚笨，尽给我丢脸。"

她还时常拿自己同我母亲比，觉得自己寒窗苦读十余载，到头来还不如我母亲活得潇洒自在。

我不知该如何评价我的同学，我的二姨。论勤奋，论上进，她们远超许多人，但究竟因为什么让她们变得痛苦不堪？是什么让她们如此不顺遂？大概，是那颗爱攀比的心吧。

## [3]

我有个关系要好的朋友小M，从小她父母就喜欢拿她与同龄的孩子比。

小学的时候我与她一同学扬琴，她母亲会在边上看着，敲错一个音便打她手臂。她若是停下来哭，她母亲便会接着打。

犹记得，那年暑假我们一起去参加比赛，上场前我偷偷溜出去玩儿，走廊里全是人，各式各样的乐器尽收眼底。琴弦与指甲摩擦的声音，琴键击打琴弦的声音，还有清脆响亮的竹笛与唢呐。所有音符混合在一起，宛如一首雄壮的交响乐。

我站在原地看呆了，等我回过神来时，竟在乐器声中听到了一丝哭声。我顺着哭声望去，看到小M正架着扬琴站在角落里练习，而她母亲则一脸严肃地站在一旁监督着。

这次小M又弹错了，免不了被一阵责骂。而她哭的真正原因是，她母亲竟在众目睽睽下用脚踢她，并连续呵斥。那一幕，触目惊心。以至于多年后想起此事，我仍旧会感激母亲在当年对我的仁慈。

我知道小M的母亲爱拿我与小M作对比。两家人坐在一起吃饭时，她总一脸恨铁不成钢的表情对着小M说，"你看看人家宿雨，考级一次性通过，比赛每次都能拿第一。你呢？你怎么就练不好？"然后小M就眨巴着那双大眼睛，委屈到下一秒眼泪就要掉下来。每次遇到这样的场景，我就特别尴尬，也特别难受。

或许是从小到大一直被她母亲拿来与别人比较，上了大学以后，小M谈了一场无疾而终的恋爱，最后分手的原因竟然是觉得自己不够好，配不上前男友。

她跟我说，前男友在跟她开始之前谈过一次，据说是刻骨铭心的那种。她见过她的照片，看过他写给她的情书，听过他和她的事迹，忍不住拿自己与他的前女友作比较，愈发感到自卑。她说她过不了那个坎儿，过不了自己心里那一关。

　　究竟是从什么时候起，我们习惯了"比较"，并且逐渐适应了用这种方式来对待自己？

［4］

　　自从开始写作后，我便被邀请加入了许多作者群。群里有众多天赋异禀才华横溢之人，与他们相比，我实在是才疏学浅。

　　我也曾拿自己与他人作过比较，总感觉那些闪闪发光的人高人一等，自己只好望洋兴叹。

　　那阵子我有些浮躁，也有些急功近利。好高骛远让我内心忐忑，每天焦躁得如同热锅上的蚂蚁。表面上我像是打了鸡血，口号喊得响亮。实际上我心乱如麻，彻底乱了阵脚。接踵而至的还有郁闷与失眠。总之，那几天犹如末日，压力大到胸口发闷。

　　一日，我与几个作者朋友聊天，发现他们有过与我同样的经历。看到别人的成功，人难免会拿自己与他人作比较，心里将自己一阵埋汰：我怎么就不如他呢？我明明也挑灯夜战了啊。当这种不满与不甘被无限放大，人会走入一个怪圈，心态也会在一瞬间发生扭曲。你会感到压抑、不愉快，你会突然想要停滞不前。长此以往，心魔便会打乱你原本的节奏，使你陷入迷茫。

　　后来我花了几天的时间想明白了一件事儿，那就是：不要总拿自己跟别人比，没有可比性。

　　我母亲常常教育我说，尺有所短，寸有所长。没有一个人身上全是优点，也没有一个人身上全是缺点。尽自己最大的可能将优点发挥到极致，你便是优秀的。

我想，正确的生存法则应该是：我尽力了，发挥了我最大的才干。如果我不幸在生存竞争中被淘汰，那我自身必定还存在着较为薄弱的环节。我应该自我调整，而不是将负面情绪渗透到生活中去，带着一丝愤懑，把这样的结局当作是一种社会的不公，让自己陷入死循环，那样会逼死自己。

林清玄曾在《素质》里写道：在人生里，每一个人都有其独特非凡的素质，有的香盛，有的色浓，很少很少能兼具美丽和芳香的，因此我们不必欣羡别人某些天生的素质，而要发现自我独特的风格。

是啊，我就是我，人间不一样的烟火。为什么要与别人攀比呢？

适当的比较能够使人进步，但过分的比较只会使你丧失信心，猛增挫败感。不如保持乐观的心态，拥有一颗平常心，按照自己的步调来。

不慌不忙，掌握自己的节奏，那样反而能够事半功倍。

# 他人眼光那么多，你在意不来的

不理会社会上的判断标准，不去在意他人的评说和眼光，为自己而活，让自己拥有一种真正的生活和发自内心的幸福状态。

人生在世，总觉得活得很累，在你少年的时候，你需要为升学考试努力，如果你的成绩不是那么理想，会被父母斥责，被亲朋看低；在你年轻的时候，你需要拼命工作，如果你的工作不如意，你的生活将会面临难题；在你壮年的时候，你需要赡养你的父母，照顾你的孩子，好像生活永无翻身之日；在你老年的时候，本来应该好好地享享清福，但是如果你的子女不孝，如果你的身体不好，你又会陷入困境……人的一生好像都活得很累！其实，如果知道适时地放松自己，在无聊的煎熬中多做一些有意义的事，人生就会大为不同了。

一般情况下，我们认为自己在为别人而活，然而事实上，我们是在为自己而活，只是没有意识到我们每天所做的工作是为将来的幸福着想。如果认为付出都是为别人，那么我们就会产生一种不平衡的心理，阻碍我们的发展。但是反过来想一想，如果我们不为别人做事情的话，我们就无法在这个社会上很好地生存。怀有这样一颗感恩的心，从别人的角度出发，我们就会豁然开朗，不必整日沉浸在孤苦的煎熬中。

不过很多时候，我们很难意识到在为自己而活。既然都认为是在"为他人作嫁衣裳"，就要从中抽出空闲偶尔为自己而活。那么，怎样做才算为自己而活呢？"忙里偷闲"有时就是一种不错的选择。如果一个人太过于绷紧心弦，整天忙忙碌碌，又是责任又是压力，这样一年四季下来都在忙碌中度过，不知道适时地放松自己，会给自己的身体造成超负荷。例如，如果你长时间在一个地方坐着，你老年患高血压的概率就要比那些适时走动的人要高。当然，如果你像飘零的雨燕长时间在外奔波，也会使你身心疲惫，患上一些不治之症。那么，既然这样做不行那样做也不行，我们应该怎样做呢？简单的道理就是，做好当前的自己，必要的时候出去放松。可以到大自然中看柳绿花红，听鸟语溪声，可以做一些有意义的活动，例如跑步、打羽毛球，还可以和喜欢的人漫步、到外面旅游，可以看喜欢的电视，听喜欢的音乐……总之，为自己活着，享受自己的生活。

曹雪芹是伟大，只是他太劳苦了，他甚至还没有完成《红楼梦》就与世长辞了。诸葛亮也是一样，由于过度操劳，临死前留下了未完成统一大业的遗憾。虽然我们不一定能像名人一样拥有卓越的人生，但我们起码得为自己而活，不能只知道工作、工作、再工作，让自己劳累、劳累、再劳累。那些不辞劳苦的人大部分是某一行业的精英，但我们不提倡那种"忘我"的精神。因为过度劳苦累垮了身体、害了病，甚至到了要丢掉性命的光景，何苦呢？

只知道工作的人，他是不会享受到人世间的亲情、爱情和友情的。人的一生到底在追求什么呢？是功、是利，还是其他的林林总总呢？其实一个人完全没有必要让自己那么劳累，要知道除了有工作要做之外，还有许多其他事情等待自己去做。

常常有人会提出这样的疑问：人活着究竟是为了什么？

其实，答案很简单：人活着，就是为了活给自己看，也就是偶尔为自己而活。

在贫寒的生活中，非洲人哈利默父子长达八载，一心一意地练习长跑，父亲哈利默是儿子的教练。八年中，父子俩从来没有理会过别人怎么生活，不因与他人的生活差距而陷入深深的烦恼，而总是甘于寂寞，进行着自己的追求。

八年的磨砺，八年的坚韧，小哈利默的长跑速度有了惊人的长进。他先是夺得非洲长跑冠军，后又在世界锦标赛上夺冠。父子俩把这一切归功于对外界的淡漠，他们说从来都没有谈论过别人的生活是怎样的优越，只是做到活好自己，为自己而活，一心一意追求着自己的梦想。

生活中，有时就要有哈利默父子这样的精神。不理会社会上的判断标准，不去在意他人的评说和眼光，为自己而活，让自己拥有一种真正的生活和发自内心的幸福状态。

偶尔为自己而活，绝不是自私，而是为了让自己和身边的人活得更好。

一个人不必一直都绷紧神经过日子，该放松的时候一定要放松，以免由于过度操劳让自己得不偿失。如果能做到手头上的事情和享受生活两不误的话，那是一种伟大的境界，常人达不到的境界你能达到，你就是一位智者。

人要快乐地活着，恐惧是心灵的杀手，一个人只有消灭了恐惧，使自己得到适当的放松，无论处在何种环境面对何种难题，他才不会记在心头，才能坐得稳、睡得安宁！

# 世界以痛吻我，
# 我要报之以歌

## [ 1 ]

不要在一件别扭的事上纠缠太久。

纠缠久了，你会烦，会痛，会厌，会累，会神伤，会心碎。实际上，到最后，你不是跟事过不去，而是跟自己过不去。

无论多别扭，你都要学会抽身而退。从一处臭水沟抽身出来，一转身你会看见一棵摇曳的树，走几步，你会看见一条清凌凌的河，一抬眼，你会看见远处白云依偎的山。

不要因为一条臭水沟，坏了赏美的心境，从而耽误了其他的美。

## [ 2 ]

你可以受伤，但不能总在受伤。

也就是说，在生活中，你可能会遇到误解、冷遇和不被尊重，也可能受到排挤、压制和打击报复，还可能遭逢不公、陷阱以及暗箭冷枪。是的，你要做好受伤的准备，因为，受伤，也是生活的一部分。

如果，你总在受伤，一定是太在乎自己了。有时候，太把自己当盘菜，原本就是人生一道难以治愈的暗伤。

[ 3 ]

我相信，这个世界已经抑郁和正在抑郁的人，内心都是柔软的。

这种柔软，一半是良善，一半是懦弱。

当一个人打不赢这个世界，又无法说服自己时，柔弱便成了折磨自己的锐器，一点一点，把生命割伤。

恶人是不会抑郁的。是的，当公平和正义被湮没，当善良的人性和崇高的道德被漠视，当恶人可以为所欲为，这个世界，就成了制造抑郁的工厂。

[ 4 ]

我记得，好像是某大学的一次校庆，某电视台著名主持人去了。

当他青春的身影在舞台上出现，下面的学生高兴极了，狂呼他的名字。他突然不高兴了，脸色阴沉地看着台下。后来，学生们很快发现叫法有问题，转而喊他老师，他笑了。

我在电视机前看到这一幕，很不解，学生们直接喊他的名字，多么亲切，他怎么就不高兴了呢？

又一次，当我看到某个官僚对直接喊他名字的人如何面目狰狞出离愤怒时，我才明白了，一个人在某个高位上久了，就会有架子。

而架子，就是他们的尊严。

[ 5 ]

一个不把无知当无耻的人，心底里，是没有敬畏的。他谁也不服，一副老子天下第一的姿态。

在这样的人面前，你能说什么？只好无话可说。

白岩松的文章里，曾经提到过黄永玉的一幅画。那幅画上，黄永玉画了一只鸟，旁边写了几个字：鸟是好鸟，就是话多。

如果，你想珍惜自己的羽毛，你就必须要知道，在某些场合，你的沉默，其实是对自己多么深沉的尊重。

[ 6 ]

我喜欢泰戈尔的这句诗：世界以痛吻我，要我报之以歌。

如果颠倒其中的两个字，这句诗，就突然多了大胸怀、大气度：世界以痛吻我，我要报之以歌。

你说，一个人若能这样活在这个世界上，多难的路，不被轻松走过？

# 别哭太久，
# 路还长着呢

刚刚遭遇本月内第五次面试失败，一个人站在马路边，看着过往熙熙攘攘，或喜或笑的人群，想着他们正在经历着这样或那样的生活，但我却连该怎么活下去都不知道。对过去的失望以及对未来的恐慌，让我倍感绝望。有那么一瞬间，我甚至想要放弃，放弃现在所拥有的一切，甚至放弃我的人生、我的生活与生命。

但这感觉只有那么一瞬间，下一秒，我便眨眨眼，把还未来得及流出的眼泪挤回去，重新整理下妆容，然后大踏步地迈出人生的下一步。因为我明白难过除了能给我带来泪水，不能为我成就任何荣光，沉迷于难过只是胆小鬼的作为，而逃避现实却只会让我与梦想隔海相望。

## [ 别难过了好吗，因为世界不懂你的伤悲 ]

其实，这个世界上每一个人都是孤独的，因为每一个人都有着自己的生活与别人不懂的伤悲。

同事小A失恋了，一个人在办公室抽抽搭搭地哭起来，最开始人们还会闻声围过去安慰，但几句话过后还是各自回到自己的座位上去。因为同事小B还要担心自己家的婆媳关系，同事小C还在着急这个月的绩效考核，同事小D还忙着打电话斡旋孩子的上学问题，而我也还要继续投下一份简历。没人真正为小A的失恋感到由衷的难过，因为我们也有自己要难过的种种。

于世界中渺小的我们，对于自己来说再波澜的情绪，对于别人来说其实都只不过是一句陈述句。既然没人懂，又何必难过给外人看呢？就像是你对一个英国人说法语，他就算再频频点头，你也知道他听不懂，久而久之自然也没必要再对他说话。

所以与其把坏情绪传染给别人、让别人反感，倒不如把它憋在自己的被窝里，至少不会有人嘲笑你的脆弱。

## [ 别难过了好吗，因为你要对自己的生命负责 ]

或许你不知道，坏情绪是所有致病甚至是致命因素中最可怕的一种。但当我拿着医院的诊断单且被告知要终生服药时，我知道。

我曾经历过很长一段时间的抑郁期，那段时间现在想来几乎成为了我的人生空白，毫无作为也没有任何痕迹，每天只是混沌行走，每天都有自杀的念头。

但还没等到我自杀，疾病就先缠上了我。当我被查出免疫性疾病时，大夫对我最深切的嘱托就是"一定要开心"。健康心理学讲，心理健康对于人的身体健康具有至关重要的作用。而人如果长期沉浸在难过、痛苦与忧伤中，包括免疫性疾病、胃病、心脏病甚至是癌症都会找上门来。所以从患病以后，我就再也不允许自己长期沉迷于难过之中。就算遇到再伤心的事或是再大的挫折，我都坚持吃饭、喝水、补充营养、规律作息，并且要求自己在最短时间内开心起来。"开心"对于我来说，不是一种权利，而是一种任务。

充满情怀的你，可能现在还会吟唱"生命诚可贵，爱情价更高，若为自由故，两者皆可抛"。但你真的不要等到后悔时才去懂，这世上真的没有任何事情会比生命与健康更重要。

## [ 别难过了好吗，因为你还有父母与家人 ]

很多人说，人要为自己而活。但我总觉得，不管是作为一个集群动物还是作为一个社会人来说，人都不是真正为自己而活的。你当然要有自己独立的意志、想法与追求，但你同样也要有家庭的担当与责任。

我刚得病那会儿，有时会忍不住哭，但只要我一哭，我妈就会跟着哭。后来我就再也不敢在她面前哭。就算是现在，不管遇到再难过的事儿，我都要在每天下班进家门前，把难过迅速消化掉，然后继续贫笑着面对父母，因为我真的不想他们为我心疼。

其实我以前很是放纵自己、安于现状。但自从我妈妈身体变得不太好以后，我就觉醒了。因为我知道随着父母渐渐年迈，家里会越来越需要钱。最近朋友会问我怎么突然这么拼，想要买大房子吗？我却苦笑地说，"赚钱救命啊！"

前几日读入江之鲸的《我想告诉你我为什么爱钱》时，真的深有感触。赚钱为什么，对于我来说最根本的目的就是救命，救自己的命，救父母的命。所以我现在不管遇到多大挫折，都不会因为难过而轻言放弃，不是不想放弃，是真的不敢放弃。

## [ 别难过了好吗，因为生活还要继续 ]

生活是残忍的，因为它从来不给人喘息的机会。不管世界如何颠覆与流转，不管地球的主人已经变了一代又一代，时间却还是一样地走，生活的脚步从未停歇。

当我因为文章写得不好而伤心痛苦时，别人已经用这个时间着手又写了两篇文章。当我因为面试失败而绝望难过时，别人已经用这个时间总结经验教训、甚至又投了10份简历。当我因为失恋而萎靡不振时，别人已经用这个时间去做很多自己很喜欢却又没尝试过的事情。

你的一生已经有1/3的时间用在了睡眠上，难道还要再用1/3的时间浪费在处理各种情绪上吗？更何况不管你再怎么难过，生活也还要继续下去。你今天因为难过而少干了一天活，明天可能就因为少干一天活而吃不上饭。我始终认为，一个能很快从挫折中站起来的人，绝不是因为有多么坚韧的品质，或是有多么过人的意志，而只是迫于生活的压力、出于求生的渴望。但凡生活没有那么难，谁都不愿意让自己过得那么累。所以想要活下去，就不能停下来。

## [ 别难过了好吗，因为梦想还未实现 ]

我其实不知道小焦为什么要一直坚持走在摄影这条道路上，尤其在很多人都觉得她没有天赋、浪费时间时，她却还在一张一张地拍，为了抓拍一个行人的动作可以一站站好几个小时，为了拍到最美的夕阳，自己掏钱去了很多地方。

"我的梦想就是将来有一天能办一场摄影展，梦想还未实现，我为什么要放弃呢？"

"别人这么说你，你不难过吗？"

"要是别人说的我都信，我就活不到这么大了"。

"但如果永远都实现不了呢？"

"永远是多远？没走到头，哪来的永远？"

后来我的确在2年后收到了小焦摄影展的邀请门票，她当时笑着对我说，"怎么样，2年跟永远还差得远吧！"

我面试失败时，朋友安慰我说，"这个没成功没关系，说明下一个一定会更好"。这不是自欺欺人,这也是一种可能。而这世上所有可能性的大小,都取决于人的努力程度。我相信,只要我努力,下一个就有可能会更好。但只要我纠结于现在所面临的挫折而停滞不前,那下一个永远都不会来到。

梦想还未实现的你,永远都不要自断前路。你要有不撞南墙不回头的毅力,才能有柳暗花明又一村的惊喜。

所以,如果此时你正因一些事情而感到难过,那就痛痛快快地大哭一场,但真的别哭太久好吗?你看,前面不仅有生活,还有充满希望的圣光。

# 没关系，并不是所有人的选择都能得到理解

[ 如果你知道了自己要去哪里，全世界都会为你让路 ]

这世界有两种人，一种人从小就知道这辈子要成为什么样，知道自己要去哪里，这种人特别幸福。比如我有一位好朋友，他十岁就在作文大赛里获奖，二十岁就出诗集，他读很多书，他说这辈子写出一部了不起的小说就是他的梦想。

另一种人就是我这样，懵懵懂懂地往前走，哪儿有光就往哪儿去。这种人会辛苦一点，无奈一点，当然，也可能会丰富一点点。

有句话是这样说的：如果你知道了自己要去哪里，全世界都会为你让路。对于我来讲，真正有这种感觉，真正开始知道要去哪里，是在大约三十岁的时候了。

一边走一边摔跤，一边总结一边调整，做很多事，慢慢成长，慢慢找到一点方向，慢慢开始坚定。

很小的时候我个子矮，坐第一排，特别听老师话，老被班里同学欺负，那个时候爱读书的学生不招小朋友待见。长大一点了才明白，要想扎进人堆里就得同流合污，于是做出一个坏孩子的样子，和大家疯玩儿，跟老师吵架，深夜和小伙伴一起偷邻居家地里的甘蔗，一边偷东西还一边骂人，不告诉任何人自己其实被吓得尿了裤子。

拧巴的人生应该就是从那个时候开始的。

再大一点，初二那年我突然就比班里所有的女生高了，比我同桌的男生还高，又瘦，站哪儿都一眼就能认出来。那个时候我见着比自己矮的男生总是很不好意思，跟人说话都是一副抱歉的样子，身体垮下来，头埋着。

总怕跟人不一样，总想在一个群体里得到认同，淹没在人群里才会有安全感，从来没有坚定过这一辈子要成为怎样的人，不知道自己要去哪里。

三十岁之前的人生，我有很多朋友，会处事，待人热情，宽容，善良，周到，周全……就差八面玲珑了。这些差不多是别人对我的评价，好像也是我乐于接受的评价。但我究竟要去哪里？不知道。

读书，打工，做导游，当演员，考研，上讲台，进电视台，做记者，做编导，做主持人，做制片人……三十岁之前这些词语构成了我的生活轨迹。做导游的时候我还是学生，进电视台的时候我是老师，在讲台上我仍然是个主持人，我力所能及地做很多事，我足够聪明和努力，命运总是给我安排过多的选择，我总是按照大家给我的评价和定义去选择，去活着，周到，周全。

我不知道自己要去哪里，所有的选择都基于别人或者我想象中的别人希望我成为的样子，我把那个自我深深掩埋。

每个人都是一座孤岛，你必须学会溶入才不至于看起来那么寂寞，你必须学会这个世界上那些看得见看不见的规则，在"做自己"和"取悦他人"之间找到平衡。——很长时间，我对这努力经营出来的样子感到满意，但内心很清楚，这不是生活的真相。

## [ 愿意把时间浪费在美好的事物上 ]

我只有躲在自己本性里时才是最舒服的。常常累得不行了，回到家还是舍不得休息。读书，做手工，种花，给家人做一顿可口的饭菜，这些在别人看来可有可无的事情对我却异常重要。有朋友问，你怎么有那么好的精力啊，工作已经很累了，还做这么多别的事。他们不知道，人做着自己喜欢的事成为自己想成为的样子是不会感觉到累的。没有一个沉迷于电脑游戏的人会觉得打游戏累。

几块碎花布，在你的拼接下会变成让人惊讶的模样，飞针走线里，它们开始生动，开始有自己的风格和气质，开始拥有精神的含义。一颗植物的种子，埋进土里就会慢慢生根发芽，你给它浇水施肥它就能慢慢长成你希望的样子。这些琐碎的过程在我看来，美好得很。在简单的手工劳动里，可以和自己对话，与自己相处。

2009年我怀孕了，在那段长长的时间里，手工占据了我大部分的生活，那时候我喜欢上了拼布，找来各种碎布头，把它们缝成我想要的样子，常常缝着缝着，一抬头，天就暗下来了。

从那时起，我的生活就和手工有了亲密的关系，到现在，就像渴了要喝水，饿了要吃饭。

有人说，"忙"字拆开来看就是"亡心"，人一忙，心就没了。也有人说忙就是盲，忙起来，眼睛就看不见了，所以，手工多好啊，它让你慢下来，让你有时间"养心"，让你有时间去"看见"。做手工的过程中，你必须是心平气和的，不能急，当然，如果你爱做手工，你就是心平气和的，也不会急。所以，如果你真心去做，你就会丢失"快"，得到"慢"。

我们生活在一个多么匆忙的世界，如果不是被这手中的小物件吸引，还真难找到一段你独自面对自己的时间，沉下心来让身体投入到一项简单劳动中，精神就会得到放松。

一切发生得那么自然。两年前的某一天，我突然想要一双鞋子，一双小时候一直想要但却得不到的丁字皮鞋。逛遍了商场也找不到那种原始的不花哨的丁字皮鞋，在我的想象中它散发着童年的味道原始的气息。得不到我就把它画在纸上，后来经过乡下一家皮鞋作坊，我走进去问那个正在埋头做鞋的师傅，你能帮我做出来吗？他看了看我递过去的图画，说，这个多简单啊。

无数次沟通后，我想象中的鞋子终于摆在了我的面前，而这双鞋子从一个想法到图纸到最后成品的过程也被我用文字和图片呈现在了网络上。我惊讶地发现，在这个世界的角角落落，居然也有人和我一样，想要一双这样的皮鞋。你要知道，在我真实的周遭生活里，大家对我做出这样一双鞋子完全是不以为然的态度，大多数人并不需要这样一双没有装饰，也不流行不时尚的鞋子。网络那么大，世界那么小，我凭借着这双丁字皮鞋寻找到了同类。你是谁，就会遇见谁。

除了做鞋子，我还做衣服，所有我做出来的东西，首先是我自己想要的，我不用取悦任何人。但是，必然的，这世界还有很多人和我一样。

以前，我想让自己淹没在人群里获得认同，而如今做手工让我明白，寻找安全感的方法可以有很多，但最可靠的是：内心的坚定和从容。

## [ 如果所有人都在说话，那么听众在哪里 ]

曾经做过一档话题节目的主持人，所谓话题节目，就是请来一帮嘉宾和当事人，针对一个个话题，争论起来。这种节目很火，成本相对来讲不算高，收视却往往超出预期。嘉宾们在现场进行一场话语的狂欢，尽情表达，主持人要做的是平衡发言，吵得太厉害的时候也适当阻止，当然，耳机里会传来导演的小声提醒：不要说话，让他们再争论一会儿。导演是最清醒的：每周的收视率数据显示，收视高点就在吵得最厉害的那一段，一定是这样的。

所有人都在说话，持不同意见的嘉宾来到节目中，只为找到合适的机会表达自己的观点，有时几个话筒里都是声音，音量越来越高，每一个人都试图让其他人听见自己，电视机前面的观众也可以参与讨论，他们可以通过CALL IN，通过短信或者围脖，变成谈话的一部分，也就是说，所有人都在说话。这多像整个时代的缩影，我们这个喧嚣的世界呵。有时看着他们吵啊吵，我会突然在心里问，谁在听啊？

是的，忍不住想问，如果所有人都在说话，那么，听众在哪里？

在这个散乱的世界，每个人都在表达自己，却独独少了那位坐在对面，认真聆听，静静端详着你的听众。我们所有人，陷入了言语世界带来的悲凉，狂欢，原来是一群人的孤单。

曾经在一所特殊教育学校和一群盲人孩子交流，几十个学生坐在台下，教室里安静得出奇。那些孩子们，身体微微前倾，表情庄严而安然，他们调动听觉和心来感知我，讲话的我紧张到无所适从，太长时间没有被一群人这么安静又专注地倾听，竟然悄悄地哭了，那是一种好到不安的感觉。

安静与专注是我们生活其中的世界里最为稀缺的东西，经常，不由自主地，我们就成为了众声喧哗的一部分。

所以，常常提醒自己，可不可以安静下来，先从做一名认真聆听的听众开始？

## [ 关于选择 ]

执着于一件事情，往深处行才能从中获得生命的广度和深度，这是我过去几十年的人生一直没有意识到的。我总是面临太多的选择，在选择面前一度认为自己是幸运的，为此得意。可是，过多的选择和机会就会更好吗？

我们常常会发现，身边那些有力量的人，他们往往并不拥有世俗意义上的优秀，他们有很多毛病，他们没有过多的选择，只是生活选择了他们成为什么样的人，而他们稳稳地接住了这被动的选择，从而开始主动地努力和慢慢地获得。

相反，那些拥有过多资源和机会的人，一辈子左顾右盼，在鲜花和掌声里渐渐地迷失了自己。

我说的是有力量，不是世俗意义的成功。是每天临睡前可以平静安宁地对自己说一声：今天，我对自己满意。

在藏传佛教里，活佛的遴选有很多步骤，其中一个是拿一堆物品在有可能是转世灵童的面前，让灵童自选，灵童会在一堆物品中选择那个多半是最不起眼的物品，那是他前世旧物。以此确定，他就是他。

我们不是活佛，我们都是一个又一个的普通人，但是人生的选择与放弃，谁都需要面对。

面临的选择过多，或者你选择了过多的东西，其实是不会有满足感和幸福的，这个时候你只看得见欲望，而欲望怎么可能填得满呢？

越长大才越明白，投入到一件事情里去，哪怕偏执哪怕不被理解哪怕孤独，幸福是会从那一件事的深处开出花儿来的。

到现在，每当我面临选择的时候，我都会问自己：这个选择是不是我可以承担的，是不是和我本来的性格相符的，会不会影响我目前在做的事情，能不能让我的生命更完整？如果这四个问题的答案都是肯定的，那我会毫不犹豫地去做，反之，我会果断舍弃。

而且，慢慢地这样做了，就会惊讶地发现：你越来越不需要做出选择了，人生正在向你呈现出不需要选择的道路，那条路就在那里，你只需要往前走就好。

我想这就叫坚定。


[ 人的每一种身份都是自我绑架，唯失去是通往自由之途 ]


《岛屿书》里有一句话，"没有什么比自我选择的孤独更能解放人了"，回想这几年，我的生活正是在不断后退，退到了日子的深处。

脑子里闪过过去几年的点点滴滴，觉得好，好得"世事皆可原谅，但不知原谅什么"。

两年前我把家里几大箱礼服和正装还有一大堆化妆用具打包送人，离开了电视台，半年前，我向我工作了十年的大学递交了辞职书，从此成为名副其实的个体户。

两年多时间，我逐渐从一个主持人，教师，变成现在这样，每天面对电脑面对画纸面对成堆的布料会画图会写字会做衣服——写想写的字，做喜欢的衣服。我开着一家店，卖自己工作室设计制作的衣服和鞋子，赚钱养活自己。我想这就是我一直想要的生活。

收到一个女孩子发来的邮件，她说：

已经悄悄地看着你好多年，从地震，从最美主播，从宝宝，从一本书，从湖南台，从阳光房，从爱与坚守，从跌倒到仰起头，给我们一个笑意盈盈。初识你，是我自认为最悲观的时候，其实也是最小女孩，最弱不禁风的时候，是你让我看见，原来这世上还有一个女子在那么努力地向着阳光走去，从简单到繁复，又终究回归简单。可以说这几年也是我成长的几年，我和你年龄相仿，好多次是你给我活着并好好活着、快乐活着的勇气和信心，想到哪里就说到哪里，只是想说，谢谢你，真的，谢谢你的坚持、爱与平常。

这世界是那么丰富，有些人把日子过成段子，有的人把生活当成舞台，自己就是演员，还有人怀抱理想努力奋斗让人仰望，可是，也需要有人躲在角落做一个认真过日子的人吧，我愿意是那个安静的听众，听自己，也听世界。

我理想的生活的样子是这样的：世间万物，花是花，草是草，你是你，我是我。只有拥有了这样的自由，才是美。

自由不是你想成为什么你就能成为什么，而是，你不想成为什么的时候，你就可以不成为什么。

我的生活圈子越来越小，我不再出门奔赴一场又一场的聚会，不用说自己不想说的话，不用刻意经营关系，不用在焦虑中入睡，然后被闹钟唤醒。


## ［这世界总有人做着不需要被人理解的事］


在夏天消逝之前，我摘下了院子里最后一只红番茄。

是红番茄，红在地里的红番茄，你们大约不知道，在市场上买到的绝大部分番茄，你看到它们是红的，但实际上，在它们还是青绿色的时候就离开了土地，离开了藤蔓，它们被装进箱子，运进城里，一个地方到另一个地方，等你们看到它们的时候，它们已经红了，它们不是红在枝头，而是红在疲惫的运输过程里。

如果你见过红在地里的番茄就会相信我说的话，这两种红，不一样的，地里的红番茄摘下来放进嘴里，味道也是不一样的，它们更甜，或者更酸。

我知道我写下这些，不会有多少人愿意认真去读，在很多人眼里，番茄到底是红在地里还是红在运输过程里一点也不重要。可我不这样想。

生命是一种博大的东西。

除了番茄，还有南瓜、生姜、辣椒、小葱和玉米，我家不到70平方米的一楼小院，挤满了各种蔬菜。不仅如此，两周前买来的红薯，有一只放在厨房角落忘记吃，发现的时候长出了嫩芽，干脆把它放在盘子里，每天浇水，又是两周过去，就长成了我心里想要的样子：水培盆景。把它放在落地窗前，枝叶就倚靠在玻璃上，它们总是朝着屋外光的方向伸展，过两天，让它们转身，背阴的一面对着光，再过两天，这背阴的一面又伸展开来……

小说《海上钢琴师》里，那个世人无法理解的钢琴师1900，从出生那天起一直待在海上，从没离开过大船，有一天，1900终于鼓起勇气准备下船了，他走到第三级台阶的时候回望了大海，又转身回到了船上。"你在海上呆了32年，从出生到现在，从不离开，为什么？现在又为什么想离开？为什么又要回来？"

——我只是想从陆地上看看大海，他说。他最终和大船一起消失在海里。也许海洋上的88个琴键在他的世界里比任何事情都更重要，也可能在没有学会与这个世界和平相处之前，这是最好的选择。他的一生就是这样，他凭借钢琴注视世界，并获取了它的灵魂。

这世界总有人在做着不需要被人理解的事。

这是我的选择。

# 04

心态放好，
生活状态
自然就会好

# 不是所有流的泪
# 都要让别人看见

## [ 1 ]

15岁那年，我们搬进了一个陌生的小区。住得离学校更远了，出入都要带门禁卡，这更让吊儿郎当的我头疼。

每次走到门口，我就会忽然弯腰直接从栏杆下面钻过去。这时候，门口保安总会以一副我欠了他八百万没还的样子，让我出示业主卡，本来无伤大雅的事到了这里却让我莫名生厌。我常常漫不经心地说出门牌号，然后以鄙夷的眼神大大咧咧地离开。我和所有生活优越的少年一样，不知什么是尊重。

有一天，我又忘记带门禁卡，他照常拦住我。我忍不住破口大骂，把平时累积的不爽一并奉还。保安大叔憋红了脸，礼貌地向我解释这是规定，我只觉得他就是那种有点小权力就要用尽的小人，嘴里蹦出两个字——傻子，然后径直走了进去，内心有一种打败他人之后的暗爽。

某天下午，楼下尖锐的谩骂声吵醒了午睡的我。一个中年男人正指着那个保安大骂着，面目狰狞。保安大叔则无助地叹着气向四周张望，灼灼的烈日下，穿着制服的他汗流浃背。

原来，他一天要承受许多次这样的谩骂，而我也是其中一个。

那天我特意带了门禁卡，还在门口的超市买了两罐可乐给他。他一开始不肯接受，最后接过可乐放在一边。自那之后，那个保安每次见到我都对我笑。

春节期间，下着雨，他一个人站在小小的亭子边，时而抬头看天，时而往远处呆望。保安亭没有电脑、没有电视，他就这么一天天无聊地站立着。

这一场景，定格在了我年少的记忆里。

我想，他一定也有自己的父母、孩子、爱人。原来一个人为了家人，可以这般坚忍地站过一个又一个炎夏与寒冬。

尽管后来多次搬家，但我总能在不同的人身上，看到他的影子。

[ 2 ]

初中毕业以后，我便离开了父母，在陌生的城市读高中。

在那里，我常常三餐不定，有时随便就在路边解决温饱问题。

有个卖山东煎饼的小摊我经常光顾。我记得卖煎饼的大叔有个小男孩，小男孩每天下午六点会准时到他爸爸的小摊。有时在一张塑料凳上面写作业，有时在玩树下的小花小草，有时困了就枕着小书包在手推车旁的硬纸板上睡觉，不吵不闹。

有天晚上我路过那条街，发现那个卖煎饼的小摊被人里三层外三层地包围着——一个西装革履的中年男子大发雷霆，指着不小心将面糊溅到他身上的小男孩的爸爸大声谩骂。小男孩的爸爸很窘迫，一个劲地道歉。我透过人群看到了小男孩，他被人群包围着，眼里满是惊恐和无助，紧紧地抓住爸爸的衣角。

后来中年男子骂舒服了，终于走了。

人群散后，他爸爸一个人默默地坐在凳子上——也许是在儿子面前丢脸了，也许是心酸和委屈。小男孩的爸爸摸着小男孩的头，嘴里大概说着一些"没事"之类的话。

我本来想顺便多买一个煎饼，走上前却看见那个小男孩爬到了爸爸的腿上，用小手拍着爸爸的背。小男孩咬着嘴，努力忍着，不让爸爸看到，双手不断交替着擦自己的眼睛。

那一瞬间，我被心酸淹没。

我想起了我忙碌的父亲，我们总是很少交流。哪怕在他人生最低谷的时候，我也不曾像这般拍拍他的背，说说鼓励的话——那样显得很别扭。在体恤父母方面，我甚至连一个小男孩都不如。

从那之后，我开始有事没事打电话回家，我知道，等我长大了，父母就老了。


[ 3 ]


二十几岁，我回到家里的厂实习。我总算开始听爸的话了，这让他多少有些欣慰。

在厂里，我注意到了业务员小胡。他来厂里两年了，总是很勤快。我曾经陪他一起出去跑业务，他两手拎着样品，在一家家商店屡受白眼，而他只是汗流浃背，保持礼貌地笑着。

那是一次再寻常不过的饭局，他被东北来的客户一个劲地灌酒，而他还在为大家倒酒、倒茶、递纸巾、叫服务员、开酒，还有强颜欢笑。那晚，不胜酒力的他醉得一塌糊涂。

我送他回家，顺手开了音响，张国荣的《取暖》，他听着，说上学的时候觉得不好听，不过出来工作以后就觉得挺好听的。他转过脸，看着窗外。路灯投射过来的光一道一道地刷过他的脸庞，天上挂着冰凉的月亮，黑暗里我看不到他的表情。

他红脖子红脸大声地唱了起来：你不要隐藏孤单的心/尽管世界比我们想象中残忍/我不会遮盖寂寞的眼/只因为想看看你的天真/我们拥抱着就能取暖，我们依偎着就能生存/即使在冰天雪地的人间……

他的声音颤抖、沙哑而压抑，进而把脸埋在手中，抑制不住地大哭起来……

我什么也没说，只是把他送到家。他红着眼睛，打开小区花坛边的水龙头，双手捧水用力地搓着脸，然后挺直腰杆，用纸巾把一脸的水擦干，咳了两下，深吸一口气，对我笑了笑，问："还看得出来吗？"我说还好，我知道他老婆还在等着他。

那一刻，我既为他心酸，又为他感动。我想他马上就要回到那个简陋却温暖的地方了，他的脆弱不会让自己的老婆看到，他仍是一个顶天立地的男子汉。

作家刘亮程曾说过："落在一个人一生中的雪，我们不能全部看见。每个人都在自己的生命中，孤独地过冬。"那些生命中的陌生人，如果我可以和他们一样，为了亲人而忍耐那些劈头盖脸的风霜雨雪，忍耐所有世事艰险，然后依旧坚持，依旧感恩，依旧奋斗，也许那样的男人，才算是真正的成长与成熟。

# 用微笑撑起你
# 人生的每一天

无论你身处何方，无论你身兼何职，也无论你此刻陷入了多么严重的困境或遭到了多么大的挫折和打击，你都要用微笑去面对一切。那么，一切的不幸和困惑都会屈服在你的微笑之下。

挫折、困境甚至不幸的遭遇是人生道路上不可避免的，我们如果坦然乐观地去面对这一切，让我们的灵魂始终微笑，那么就没有什么困难可以阻挡住我们。自强不息是我们生命中蕴含着的不可阻挡的力量，这种力量会使我们人生中所有的苦难如轻烟一般随风飘散，然后彻底地消失。

人活在这个世界上会遇到各种各样的事情，或喜或忧，或成功或失败，我们无从选择。我们可以做的只有调整好自己的情绪，遇到任何事情都往好的方面考虑。这样，不但能够帮助我们更好地处理各种问题，更多的是可以获得身心健康。

我们常常感到生活是累的，工作是苦的，成功的路程艰难而又漫长，但也正是因为我们尝到了苦头才明白辛劳的意义和价值，也正是因为历尽千辛万苦才体会到收获的不易，才会对苦尽甘来的成果倍加珍惜。我们常面临工作不得志，情场失意，家人朋友之间的误会等种种烦恼，然而时过境迁之后，我们才猛然发现，也正是由此让我们品味到了生活的真谛和人生的乐趣。其实，一切的烦恼和不快都会成为过去，想开来，用微笑迎接生活的酸甜苦辣，人生才会更丰富，生活才更有滋味。

人在顺境时的得意是自然的事情，但更好的是能在逆境中苦中作乐，把自己的心情放平静，去全面地认识那个平常被你疏忽的自己，从而帮助自己在生活中更好地成长。

[ 用乐观支撑的人生 ]

有这样一个家庭，生活一向很拮据，但他们却很乐观，时常鼓励儿女："孩子们，迎着困难走下去，我们总有办法的。别忘了，我们还有那只玉镯呢。"那是爷爷奶奶唯一的遗产，孩子们没见过，妈妈说那可是件价值连城的老古董呢，必须在万不得已的情况下才可以用。这给儿女们增添了不少信心：他们毕竟有个依靠。

每到月初，精打细算的母亲便把那叠不多的钱细心地分成一小叠一小叠：这是本月的水费，那是伙食费……最后只剩一两个可怜的硬币。但是有一个月，母亲怎么分也不够用，因为最小的妹妹也要上学了。父母锁紧了眉头，这钱是如何都周转不过来了。一家人沉默不语。姐姐打破沉默，小声说："妈，卖掉那玉镯吧。"仍是一片沉默。只见做父亲的掏出自己的一份钱说："我戒烟吧。"母亲眼里透出了一片感激，接着，读大学的哥哥也退还自己的一份："我明天就去找个兼职。"于是左减右删，他们还是保住了那生活的唯一依靠。

父母总是说："没到万不得已的时候，绝不动用玉镯。"而兄妹们也不再为艰难的生活而恐惧，他们的心里和爸妈一样踏实而有信心：毕竟我们还有个玉镯呢。

直到哥哥姐姐出来工作后，他们再也不用吞咽生活的苦水。母亲打开了那只"宝盒"，令他们万分惊讶的是，里面空无一物。儿女们霎时明白了爸妈的用心。

多年来鼓励他们闯过一个又一个难关的，不是那只价值连城的玉镯，而是父母在苦难中那比玉镯更有价值的面对生活永不屈服的乐观与坚毅。

乐观能帮人战胜许多愁虑、困难、穷苦、失望。真正的乐观主义者是用积极的精神向前奋斗的人，是战胜一切艰难困苦的人。常人遇着苦境也许会"一蹶而不能复振"；而真正乐观的人则会蔑视一切困难。

[ 再不如意也不灰头土脸 ]

张丽是一名普通机关工作人员，平时工作顺利时，素面朝天，衣饰简单，牛仔服、运动鞋是她一贯的装束，这使她能有更多业余时间读书"充电"，可是一旦遇上挫折，如评职称没评上、分房子没分到、失恋、生病等等，她却反而特别注重修饰打扮。此时她会专门给自己腾出半天空闲时间，换上一套精心挑选的适合自己身材肤色的高档衣服，对镜薄施粉黛，淡扫蛾眉，再配上一两件得体的精美首饰，收拾完毕后静静审视几分钟，看着镜中的自己比平时漂亮得多的倩影，不由得自信心大增，在心中暗暗提醒自己："你很优秀，也还年轻，还有时间有能力与命运抗争……"如此一番由外及内的自我心理疏导，使情绪由低落逐渐回升甚至高涨。当她漂漂亮亮跨出家门时，又能像过去那样与人谈笑风生了。

当一个人精神沮丧时，若再不修边幅，灰头土脸的，会使旁人轻视你，同时更加重自己心境的恶劣。而在逆境时，注意把自己修饰得整洁漂亮，会大大增强自信心，消解心中郁闷，使自己早日恢复平常心态，也能给旁人带来好感，使事情向好的方向发展。

[ 即使失败也不灰心丧气 ]

住在英国南特郡的凯恩斯，给他的朋友写了一封信，后来这封信在互联网上广为流传。

"很小的时候，考入剑桥就是我的理想。为了这个理想，我倾注了全部的心血。我所付出的巨大努力使我坚信在剑桥一定有我的一席之地，根本不可能发生意外。然而巨大的失望出现了。得知没有被录取的消息后，我觉得整个世界都粉碎了，觉得再没有什么值得我活下去。我开始忽视我的朋友，我的前程，我抛弃了一切，既冷淡又怨恨。我决定远离家乡，把自己永远藏在眼泪和悔恨中。"

"就在我清理自己物品的时候，我突然看到一封早已被遗忘的信——一封已故的父亲给我的信。信中有这样一段话：'不论活在哪里，不论境况如何，都要永远笑对生活，要像一个男子汉，承受一切可能的失败和打击。'"

"我将这段话看了一遍又一遍，觉得父亲就在我身边，正在和我说话。他好像在对我说：'撑下去，不论发生什么事，向它们淡淡地一笑，继续过下去。'"

"于是，我决定从头再来。我坦然面对失败，并从中汲取营养。我一再对我自己说：'事情到了这个地步，我没有能力改变它，不过只要心存希望，我就会有美好的生活。'现在，我每天的生活都充满了快乐，尽管没有进入剑桥，尽管后来我又遇到了若干次的失败。我已经明白：笑对失败才是对失败最大的报复，而一味地哭泣只能让失败愈加嚣张。今天，这种积极的心态已经给我带来了巨大的成功。"

面对失败仍然保持微笑的人才称得上真正的强者。失败不可怕，在失败面前一蹶不振才是彻底的失败者。勇敢的人即使失败了也仍旧会微笑着对自己说："没关系，只是一次失误而已，前方等待自己的是更多的成功。"

# 学会感恩，
## 你将拥有更多

有一个故事说：有一天，有人问一位老先生，太阳和月亮哪个比较重要。那位老先生想了半天，回答道："是月亮，月亮比较重要。""为什么？""因为月亮是在夜晚发光，那是我们最需要光亮的时候，而白天已经够亮了，太阳却在那时候照耀。"

你或许会笑这位老先生的糊涂，但你不觉得很多人也是这样吗？每天照顾你的人，你从不觉得有什么，若是陌生人偶尔帮助你，你就认为他人好；你的父母家人一直为你付出，你总觉得理所当然，甚至有时候还嫌烦；一旦外人为你做出了类似行为，你就会分外感激。这不是跟"感激月亮，否定太阳"一样糊涂吗？

有个女孩跟妈妈大吵了一架，气得夺门而出，决定再也不要回到这个讨厌的家了！一整天她都在外面闲逛，肚子饿得咕噜咕噜叫，但偏偏又没带钱出来，可又拉不下脸回家吃饭。一直到了晚上，她来到一家面摊旁，闻到了阵阵香味。她真是好想吃一碗，但身上又没钱，只能不住地吞口水。

忽然，面摊老板亲切地问："小姑娘，你要不要吃面啊？"她不好意思地回答："嗯！可是，我没有带钱。"老板听了大笑："哈哈，没关系，今天就算我请客吧！

女孩简直不敢相信自己的耳朵，她坐下来。不一会儿，面来了，她吃得津津有味，并说："老板，你人真好！"

老板说："哦？怎么说？"女孩回答："我们素不相识，你却对我那么好，不像我妈，根本不了解我的需要和想法，真气人！"

老板又笑了："哈哈，小姑娘，我不过才给你一碗面而已，你就这么感激我，那么你妈妈帮你煮了二十几年的饭，你不是更应该感激她吗？"

听老板这么一讲，女孩顿时如大梦初醒，眼泪瞬间夺眶而出！她顾不得吃剩下的半碗面，立刻飞奔回家。

才到家门前的巷口，女孩远远看到妈妈，正焦急地在门口四处张望，她的心立刻揪在一起！女孩感觉有一千遍一万遍的对不起想对妈妈说。但她还没来得及开口，就见妈妈已迎上前来："哎呀！你一整天跑去哪里了啊？急死我了！快进家把手洗一洗，吃晚饭了。"

这天晚上，女孩才深刻体会到妈妈对她的爱。

当太阳一直都在，人就忘了它给的光亮；当亲人一直都在，人就会忘了他们给的温暖。一个被照顾得无微不至的人反而不会去感恩，因为他认为，白天已经够亮了，太阳是多余。

希望我们每个人都知道太阳和月亮哪个更重要。

在现实生活中，我们往往忽视了自己已有的，认为他们是理所当然，对于自己没有的，又会抱怨命运的不公，仿佛这个世界欠我们很多。

其实，感恩也可以是一种积极的生活态度。要感激那些伤害你的人，因为他磨炼了你的意志；感激那些欺骗你的人，因为他丰富了你的经验；感激那些轻视你的人，因为他觉醒了你的自尊……要怀着一颗感恩的心，感谢命运，感激一切使你成熟的人，感恩周围的一切。

拥有感恩的心，需要我们用心去观察，用心去感悟，更需要我们去爱。草木旺盛地生长，为的是报答春晖之恩；鸟儿拼命觅食，为的是报答哺育之恩；禾苗苗壮地成长，为的是报答溪水的滋润之恩；孩子努力学习，为的是报答父母的养育之恩。

感恩，是一种生活态度，常怀感恩之心，以德报德，知恩图报，无愧于心，潇洒坦然在人世间走一回！

学会感恩吧！你感恩生活，生活将赐予你灿烂的阳光；你怨天尤人，最终可能一无所有！不是吗？云卷云舒，花开花落都值得我们去珍惜，感激月亮，更要感激太阳！

# 心情美丽了，
# 人也就美丽了

每个人都希望自己年轻美丽，岁月的无情会使青春靓丽的外貌慢慢消退。

其实美丽与心情有关。在大街上行走，碰到许多熟悉的面孔，常常听到如此感慨和话语：看你越来越潇洒、漂亮，越来越年轻了，这话不是奉承。随着物质生活的丰富，人们可以尽情地享受它带来的一切便利，装扮自己的生活，打扮自己的身体。随时都会有一个好心情，脸上经常挂着笑，以一种妩媚、倜傥的形象，以精神饱满的姿态展示在人面前。笑一笑，少一少，这是发自内心，是心底一种快乐的涌出，是一种幸福的载体。

美丽的心情不需赋予太深邃的内涵，它蕴在生活的琐碎中。工作中做出一点成绩心里很美，孩子考个好成绩心里很美，乔迁新居心里很美，爱人给做了一顿可口的饭菜心里很美，自己买件新衣服心里很美，变换了一个时尚的发型很美，朋友对你说了一番心里话很美，生活中可以感觉美的事情很多很多，就看你是不是用心体会。

人的一生中，会遇到各种坎坷和挫折，无论如何，都要调节好自己的心态，保持愉悦的心情。很多事情不是发愁和郁闷就能解决的。既然如此，为什么不能笑对人生呢？

俗话说：人生易老，红颜难久。谁都不能抵挡岁月的风霜，不能抑制年龄的增长。

有时美丽与年龄关系不大，而取决于自己的心情。生理上的衰老，我们必须勇敢面对和承认，心理上的衰老我们都能自己掌握；用一个纯净的灵魂对待生活和人生，抛开生活中的繁杂，让自己活得简单；甩掉一切烦恼，让自己活得快乐；卸下一身负累，让自己活得轻松。

相由心生。有一个美丽的心情，舒展紧锁的愁眉，人看上去就年轻许多，漂亮许多。很多人害怕说出自己真实的年龄，过了三十岁就害怕四十岁的到来。这是无法拒绝的自然规律，不必计较年龄的大小，不必恐慌岁月的流逝。保持愉悦的心情，干自己想干的事，想玩就玩，想笑就笑，只要高兴就好。

社会上确实有不成文的规定。什么样的年龄该做什么事情，甚至什么年龄该穿什么样的衣服，留什么样的发型，否则就会有人认为不合时宜，得不到人们的认可，这有什么呀。走在大街上，你会看到不少这样的人，四十多岁打扮得像三十，飘逸的披肩长发，穿着入时的服装；还有五十多岁的人，穿着牛仔裤。这无可厚非，相反，还常常招徕羡慕的目光，因为他们活得年轻潇洒。

只要拥有一颗纯良的心，保持美丽的心情，使自己的心境永远停留在年轻的状态，让心情亮起来。那么，让自己活得洒脱，变得漂亮年轻，并不是很难的事情。

# 心怀坦然，
## 一切都没有那么难

一场规模很大规格很高的电视模特儿大赛正在紧张进行。

20位模特儿在参加完第一轮比赛后，主持人说："这一轮，我们评选一名最差的模特儿。"

现场观众和电视机前的观众都感到吃惊，以前所有的大赛都是评前几名，从来没有一次大赛评选最差的。

经过评委和工作人员的紧张忙碌，最差模特儿被评了出来，主持人当场宣布并请最差模特儿向前走一步，大家都为那位女孩难过。

在数千万观众的注视下，她面带微笑从模特儿队伍中走了出来。

这时，主持人和评委都你一句我一句轮番对她进行点评，有的说她着装搭配不合理，有的说她表情不够自然，有的说她内在气质不足，有的说她上镜效果不好。面对这些与其说是点评，还不如说是责难，她却面带微笑，只静静地听着，很大方得体地点着头，并且很有礼貌地说："我知道，下次我一定会注意。"

她就这样在众目睽睽之下微笑地听着，真难为她了。

其他的模特儿，有的居然笑了起来，这种笑，是一种幸灾乐祸的笑，是一种落井下石的笑，是一种少了竞争对手、有望获得胜利的暗自庆幸的笑。

而这位女孩，却坦然面对着最差，以微笑来接受评委们的意见。

接着是第二轮和第三轮比赛。

观众都以为她会自暴自弃，可她的表现却一次比一次好，到最后，她夺得了冠军。

事后有记者问她，怎么会顶住那么大的压力来对待评委们的责难，她笑着说："因为我有一颗坦然的心。"

其实后来她才知道，第一轮评选最差是评委们设计的一个陷阱，他们要看看心中最好的模特儿的心理素质，如果她过不了这一关，冠军便会擦肩而过。

坦然就是当你面对失败时，不把忧伤写进明亮的眼睛；

坦然就是当你面对失望时，不把苦恼挂在思索的眉宇；

坦然就是当你获得成功时，不把得意展现于美丽的脸庞；

坦然就是当你身居陋巷时，仍心怀远大理想；

坦然就是当你身处绝境时，仍心存无限希望。

坦然是一种美好的过程，无论结果如何，心里依旧拥有一份一如既往的恬淡与自然。

心怀一份坦然，你就会拥有溪流般的从容，让漫漫路途洒满自信的阳光；

心怀一份坦然，你就会快乐地走过每一个黄叶飘飘、雨打风吹的季节；

心怀一份坦然，你就会面对他人一肚子的苦水而捧出一泓清泉。

做人上有了坦然，就能坦坦荡荡，光明磊落；处世上有了坦然，就能平静柔和，泰然自若；生活上有了坦然，就能用平常的心态去看待生活的千姿百态，用饱满的热情去书写生活的每一个季节，用激昂的斗志去挥洒生活的壮丽诗篇。

坦然需要真实，坦然并非要你做作牵强，也不是要你摆出一副和蔼可亲的样子，而是要你真正从内心深处去体味事物。

坦然需要自信，没有信心和勇气的坦然是虚空的，只有用自信作料，用勇气作锅，用勤奋作火，才能熬出醉人的美味。

坦然需要气度，心底无私才坦然，心无余悸方坦然，心胸开阔就坦然，知足常乐亦坦然，乐观面对更坦然。

　　遇到不快时，学着张开双臂，用力呼吸清新空气，试着放下一切包袱，让清新的气息流经你的每一根血管每一处神经。于是，你便有了坦然的开始；如此下去，你便有了坦然的处事能力；再接下来，你就能坦然地面对一切了。

# 想要逆袭，你得有一个 积极向上的心态才行

朋友知道我喜欢梁凤仪。

她是华人世界最富有的才女，一支笔打造出几亿资产——成功创业、才华横溢、嫁入豪门，女人所有的梦想，她几乎都实现了。

她开公司，1977年创办碧利菲佣公司，为香港家庭引进菲律宾女佣，成为香港社会史上很重要的一大创举，三年净挣九千万；2004年由她一手创立的勤+缘媒体服务有限公司上市，她宣布封笔从商，2006年转售自己部分股份，套现2173.75万港元。

她写小说，十年出版超过一百部，仅仅1989年创作第一年，就分别在四月、六月、九月、十一月出版了《尽在不言中》《芳草无情》《风云变》《豪门惊梦》四本小说，封笔前总共写了一千多万字。

她选择爱的人结婚，丈夫黄宜弘是香港商界翘楚，出身显赫，商誉极好，不仅担任香港永固纸业有限公司主席、合兴集团副董事长、金利来集团及亚洲金融集团董事，同时还是全国人大代表、香港立法会议员、香港中华工商会副会长，投资遍布世界。

梁凤仪的第一本小说名叫《尽在不言中》，出版时她已经三十九岁。那时，她的第一次婚姻结束，一个年近不惑的离异女子，因为厌倦不同派别的办公室战争而离职，等待她的会是什么呢？让人大跌眼镜的是，一年之后她不仅成功加盟永固纸业成为董事，并且重新开始了一段相濡以沫的恋爱和婚姻。

朋友问我，如果梁凤仪没有后来"逆袭"的成功，没有嫁入豪门，就是个普普通通的中年妇女，你还会佩服她吗？

我也很认真地说，即便她是一个平凡女性，我知道她的经历依旧会打心眼里佩服——仅仅她敢于三十九岁辞职挑战新领域，并且一生不肯与自己不喜欢的人合作，就已经让我刮目。

甚至我深信，从来没有什么所谓的"逆袭"，那些柳暗花明的转折，都倚着背后"尽在不言中"的执着。

"逆袭"是现在很火的一个词，被它形容过的女人有还清赌债母女复合的蔡少芬，被渣男甩被暖男爱的洪欣，嫁给比自己年轻近十岁小鲜肉的贾静雯、伊能静，还有波兰那个变身名模的女清洁工。

男人有送瓦斯卖粉丝终成歌坛大哥的李宗盛，被太太养了六年拿到奥斯卡奖的李安，从武术指导升格金像奖影帝的张晋，因为饰演《花千骨》男二号而大红的洪欣老公张丹峰。

确实，"逆袭"是个特别讨巧的戏份，非常能够满足观众扬眉吐气的即视感，那种善恶各有报的如愿，就好像衣锦还乡的灰姑娘终于闪瞎了后妈的眼，白雪公主最后嫁给王子气碎了恶毒皇后的心，这些故事，都让善良的人们觉得生活美好，黑暗短暂，风水轮流转。

可是，那些走过黑暗的人，往往不是凭着"总有一天光明会来到"的天真，而是做好了"或许永远都不会好起来"的决绝，所以，他们才能够保持耐力、精力和体力与黯淡的生活长久共处。

第一次婚姻失败后一年多的时间里，梁凤仪陷落在"全职悲哀"中，几乎一天二十四小时都在为离婚情绪低落，晨暮交接，昏睡和清醒之间，知道又要面对不可挽回的现实，内心灼痛。

一个传统家庭出身的女子，一生都把首次婚姻没有白头到老当作人生遗憾。

难得的是，即便如此，她和前夫何文汇也没有形同陌路，他让她洞悉了自己的弱点和错误，他们把对旧伴侣的感念转变为亲情，梁凤仪小说封面上的书名，大多由何文汇题字，当她的作品被改编成电视剧时，很多主题曲由何文汇填词。

梁凤仪的父母甚至在遗嘱中写道：不管以后何文汇是不是我们的女婿，他都是我们遗产继承人之一。

多年后，梁凤仪谈到这段前情，说了六个字：情已远，恩尚在。

懂得反省和感恩的女子，做什么都不会太差。

而她和黄宜弘的婚姻，却是被一场灾难加速。

独居的梁凤仪回家后遭遇两个蒙面绑匪的侵袭，周旋近八个小时终于被释放。此后，绑匪打电话勒索，她不断拖延时间，让警方追踪到隐匿位置将绑匪抓获。

她全程没有掉过一滴泪。

相反，从美国出差回来的黄宜弘闻讯后，却落了泪："男人爱女人，就应该有能力保护她。我没有做到，所以我不配说爱你。"绑匪被公审时，黄宜弘坚决不让梁凤仪去法庭，不愿意她记住坏人的相貌成为终生阴影，他说："我去盯着他们，看清楚他们的模样，保证以后绝不让他们接近你。"

他说到做到，放下手头工作每次开庭都坐前面盯着绑匪，连续两周，直到审判结束。

她后来说："感情需要经过能表现品格和深刻地爱护对方的难忘事件孕育出来，才值得生死相许。"

这场磨难，加深了两人的依恋，相恋数年之后终成夫妻。

感情上的良性循环激发了她的创作才情，她开始创造另一个奇迹：每天写一万五千字的小说，每个月出两本书。

在很多人每天阅读量都达不到一万五千字的时候，她居然能够每天创作一万五千字，同样以码字为职业的我深知其中的劳动量，至少，这个天文数字我做不到。

所以，看看那些逆势而上咸鱼翻身的人吧，他们其实都特别善于把命运踢过来的冷板凳坐热。

他们在生活抛物线的底端积累了足够的能量，屏住气慢慢释放，踩过那些坑坑洼洼的小路，把自己送到高速公路入口，再铆足了劲儿全力出发。

他们把痛苦像糖一样吃掉，在最艰难的时候还能对着世界微笑。这样的人即便达不到通俗意义上的"成功"，也足以令人尊敬，那种就算"墩个地洗个碗"也比百分之九十的人优秀得认真和坚持，最终让他们释放出光彩——优质普通人温婉的光芒，或者明星们耀眼的灿烂。

所以，这根本不是"逆袭"，而是他们顺理成章应该有的收获，也是平凡的日子中自然而然的轨迹，只是，这种反转从来不是等来的。

幸运与不幸都像多米诺骨牌，有人天生具备把好运气延伸下去的能力，有人后天拥有止损抗摔的能力，那些"逆袭"的人，惊艳我们的并不是他们的成功，而是他们始终保持的向上的姿态。

# 温柔以待世界，
# 世界也会对你温柔以待

[ 1 ]

童年时的小邻居也是好朋友青青，20年未见，再见到时，她已经是一家公立医院的护士了。我非常惊讶，这期间，虽然没有联系，但是断断续续听到她的消息。

她高中毕业并没有考进大学，生活一度陷入低谷。但是她并没有像想象中那么萎靡不振，仿佛上不了大学，人生就没有任何意义。经过一段时间的反思，她觉得未必考不上大学就没有出息，很多没读大学的人，也能通过努力实现自己的价值，所以她也没有强迫自己再去复读，而是选择跟叔叔学习一门技能。

俗话说人有一技之长，走遍天下都不怕，她开始跟叔叔在门诊学习当护士。青青说，刚开始的时候，业务不熟练，但是她的态度好，跟谁都微笑，对谁说话都轻声细语，把诊所当成自己的家，把患者当成家里的客人。

家里来客人了，怎么做，我就对患者怎么做。她跟患者聊天，聊家常，听患者们讲他们七大姑八大姨的烦心事，能开导就帮他们开导，开导不了就倾听他们倒苦水。挂点滴的人时间久了，她就问他们喝不喝水，喝水了就给倒水；挂点滴时患者想上厕所，家里人不在的她就帮忙。

她说患者信任她了，才能让她获得锻炼扎针的机会，毕竟她不是科班出身。所以和患者的关系搞好了，有时候她小心翼翼地不敢扎针，反倒是患者热情地说，没关系，扎坏了就再扎一次，经常鼓励她，别着急。为了对得起患者，青青就经常用自己的胳膊练习。

所以很快，青青就成了诊所里的看家护士了，与此同时她又钻研理论，补上知识的短板。因为她跟很多患者都保持很好的关系，遇到年纪大的或腿脚不灵便的，她们就请青青上门出诊。很多人都说她是赤脚医生，是雪中送炭。

青青这20年来，就认真地做那一件事，为病人排忧解难，做个好护士，尽管要包扎伤口，要换药，要打针，要挂盐水，这些都是小事，但她把这些小事当成大事来做，久而久之就在患者中积累了非常好的口碑。

后来医院招聘护士，青青凭借扎实的基本功和和蔼可亲的态度获得笔试和面试第一名，顺利考进公立医院。

我听朋友说过，现在青青挂点滴扎针的水平是医院里最好的，让人根本没有针扎进去的感觉。大概是青青性格太温柔了，连针也为她保驾护航了。

跟青青聊天，总能感受到暖暖的感觉。她跟我说，我们就过好自己的日子，不跟别人比，遇到烦心事，就想，一天过不去，两天，两天不行就三天，总会过去，人生没有过不去的坎。挣得多，就按多的方式去花钱，挣得少，精打细算，也花不光。

她的儿子也非常懂事，学了医，是医院放射科的医生。她的家庭也很幸福。这样温柔的女人，温柔地对待这个世界，谁又忍心伤害她呢。

## [2]

青青的事，让我想起另外一个人新津春子，她是世界最干净的羽田机场的清扫员。她的父亲是二战遗孤，是个日本人，母亲则是中国人。由于身份特殊，无论是在中国还是在日本，春子总是被周围的人恶语相向，受尽欺负。刚到日本不懂日语也不会跟人交流，所以春子从高中开始就做上了唯一肯雇佣她的保洁工作。

她刚开始干这份工作时感到很寂寞，后来，在师傅的教导下，她把机场当成是自己的家，把旅客当成是来做客的客人，所以用尽心思，好好招待。虽说扫地是个体力活，但春子把这份工作干出了技术含量。

她可以对80多种清洁剂的使用方法倒背如流，也能够快速分析污渍产生的原因和组成成分。她不仅把设施表面看得见的东西清扫干净，平时看不见的部分也是她的清洁范围：除菌、除臭、烘干……越小的细节她越认真对待。

因为新津春子太能干了，所以她被换到了技术监督管理岗位，负责培训机场700名清扫工队伍，有时候也会应邀去解决公共设施或家庭的顽固污迹，也因此成为了日本家喻户晓的明星。她出席演讲会，亲自演示打扫技巧，参与开发清洁用品，还出了书，成为畅销书作家。


## [ 3 ]


青青和春子的工作虽然差异很大，但是她们都跟我们一样，工作在平凡的岗位上。她们的执着在于能用尽全力20年如一日，把一项工作做到极致，把工作场所当成家，把患者当成家人，把乘客当成来家里做客的人，温柔对待。她们在工作中倾注的不光是汗水和智慧，还有爱心与真情。

生活看起来很糟的时候，其实真没你想得那么糟，当你调整好心态与状态，几年如一日地努力，就一定会看到进步。你如何对待世界，世界也会如何对待你。你以温柔对待世界，世界必将回报你以温柔。

想起那句诗，青青子衿，悠悠我心。青青和春子这样努力又温暖的人，不抱怨，不埋怨，她们用真情温暖这个世界，也被这个世界所温暖。

# 人生处处
# 皆风景

连着几日的阴雨天，天空整天灰蒙蒙的，连心情也淹没在灰暗里。走在同样灰扑扑的路上，忽然有花瓣落在肩上，忍不住驻足，站在花雨里发发呆，那些花瓣，虽然已经失了颜色，但那轻灵的姿态，却像蝴蝶漫天飞舞。在灰暗的天气里，能够偷得浮生半刻闲，欣赏几片花瓣的舞蹈，一颗心，瞬间褪了黯淡消沉，变得如花瓣一样轻亮明快起来。

工作怎么也做不完，累了，倦了，心情也烦躁了，真想跳脚骂人。站起来，冲一杯香浓的咖啡吧，先把工作放一放，闭上眼睛，慢慢地啜饮，所有的烦躁便都烟消云散了，顺便再和同事们讨论一下，下班后到哪里去吃饭。这段小插曲，让你开始期待下班，而有了这份期待，心情也多云转晴了。

好不容易遇上节假日，到心仪已久的江南去旅行，却偏偏遇上了阴雨天，那雨缠缠绵绵，永无止境，生生止住了一双渴望踏山玩水的脚，只能无限郁闷地待在房间里。抬头，看见阳台上放着一盆仙人掌，已经拱出了娇嫩的小花苞，一盆翠绿，和着外面滴滴答答的雨水，构成了一幅简洁的水墨画。于是，整个下午，就懒懒地坐在房间里，欣赏着一盆仙人掌，脑子里胡乱想些东西。虽然与美景擦肩而过，但这样的独坐也别有一番韵味，烦闷的心情也像窗外的雨一样，叮叮咚咚地唱起了歌。

下班途中，看到街头有人卖枇杷，猛然惊觉，哇，已经又到枇杷成熟的季节了！买几斤，尝尝鲜。那黄色的果子真诱人，迫不及待地剥一颗，放进嘴里，酸得立即皱起了眉。拎着一袋子枇杷，瞪着它看了又看，心底忽然升起一股小欣喜，能够品尝到极致的酸，也是一种小确幸不是吗？

下班回家，意外发现，门口，居然放着一束花，娇嫩欲滴，真好看。也不知道是谁送给谁的，拎起来，准备扔进垃圾筒，忽然又改变了主意。还是在这里等等它的主人吧，说不定，能等出一段浪漫的故事。于是，垫张报纸，坐在花束旁，一边等待，一边在心里做着各种猜想。忙碌的世界，能够静下心来，等一个未知的人，真的是一种很奇妙的体验。

到商场里闲逛，看到一位美丽的女子，忍不住对她多看一眼，再多看一眼。看见她买了一朵玫瑰，那玫瑰开得跟她一样美，你的心里便也开出了一朵花。有机会远远地欣赏一位美人儿，真是一件开心的事！

周末，没有什么安排，懒懒地坐在阳台上，百无聊赖时，目光落在了对面人家的阳台上。阳台上也没什么特别，只是晾了一排衣服，那衣服在风里荡啊荡，真像一朵朵花在风里摇。心里，顿时变得春光明媚起来，能够在烟火红尘里，发现那一点点美，生活不是变得很有趣味了吗？

这些情景，都是"老树画画"里所描绘的片段，那么琐碎，却那么美好，关键是，它很容易做到，我们只要有一颗发现快乐的心，就会让这种快乐一个接一个地冒出来。

生活就像一幅黯淡的水墨画，而这些快乐，就是开在上面的花。虽然这些花很小很小，小得可以忽略它的存在，可是，一朵，两朵……千万朵，慢慢铺满画布，灰暗就会被掩盖，整幅画就会变得欢快明亮起来。

让这种快乐，一朵，两朵，千万朵地开，人生就会变得美妙无限。

# 抛掉一切，才能重新开始

[ 风信子 ]

一天，我在阁楼的凉台上整理花草，打开一个盛着瓶瓶罐罐的储藏间，竟意外地看见一个废弃的花瓶里，拱出一个洋葱大小的植物球，球的尖端探出两个绿芽，显得生机勃勃。花瓶靠近墙角，那里阴暗、潮湿，经年不见阳光。我拿起看了看，想不起什么时候养过这样一株花草，本想把它弃置一边，可是，在我起身的时候，就随手拿了出来。

"管它什么花呢？先浇上点水看看。"

这样想着，我就把它放在我的书桌上，又在花瓶底下垫上一个小托盘。

第一天，它没有什么动静；第二天，依然如故；第三天，那叶片就开始一点一点舒展开来，仿佛刚刚睡醒的样子。叶子越长越长，球的口也就越张越大，隐约可见里面蓝色的花苞。又差不多一周，那花苞就整个脱了出来，由一根细细的茎挑着，成一串麦穗状，用不上两天，花头竟超过了两片叶子，兀然挺立。

花苞张开，有缕缕暗香袭来。直到这时，我才知道它是有名字的，而且名字还很好听：风信子。

于是才恍然想起，某年某月的某一天，在街头购买过一株风信子，可是后来花谢了，茎萎了，就当它死去了，将花瓶扔进储藏间里。

让我惊奇的是它的生命力，它的顽强与不屈。那可是上千个昏暗如漆的时日啊，可是它没有放弃，没有绝望，它在蓄积，一点点地蓄积生命的能量，等待着重见天日的那一天，把花朵绽放。

只因为根还在，心的种子不死。

由此想到了人，想到了自己。很多时候，我们缺少的就是这样一种忍耐、坚持和乐观的精神，我们在打击中沮丧，在诋毁中纷争，在陷害中沉沦……

结局也许没有想象的那么糟，曙光就在前头，可是我们没有等到。是我们自己打败了自己。

感谢这株风信子，让我对自己重新审视，并学会了坚强。


## [ 昙花 ]

远方的一个朋友知道我爱花，从网上给我发来一些照片，是他养的一株昙花开了。照片打开的瞬间，我被震慑了：

昙花的花瓣莹白，薄如蝉翼，向四周尽情舒展；粉黄色的花蕊，近乎透明，状如味蕾，整株花衬以绿叶，更是美到了极致，美得让人陶醉。

朋友告诉我，为了拍摄这几张照片，他硬是几个晚上没有睡好，不是怕睡过了头，就是怕花开过了，最后夫妻二人轮流值班，才有了这组美得让人心悸的照片。

昙花的生命可谓短矣，也许正因其短，它才在短暂的生命旅程内，把自己的美丽悉数绽放。

较之于昙花，我们的生命要长几万倍，不，几十万倍，也因此，我们有了更多的从容，更多的镇定。遗憾的是，正是这太多的从容，注定了我们生命的平庸：我们总觉得未来还很遥远，一切还来得及，我们不温不火地过着每一天，从没想到要去尽情地搏一次，等到醒悟过来，死亡就在眼前，一切已经太迟。

流星燃烧自己，划破了夜空的沉寂；昙花瞬间绽放，留下了至美。我们呢？我们留下了缺憾，留下了未竟的心愿。

从这种意义上说，我们比不上一株昙花。在感叹它美的同时，我感到羞愧。

### [ 兰草 ]

去朋友的办公室玩，看其窗前一株兰草，很为罕见，叶子呈针管状向上直立着，或依势向四周散开，显得青葱可爱，生气十足，就想分植一盆。

"这很好办，我们有个保安对花特有研究。"朋友慷慨地说着，拿起话筒。顷刻保安上来，听完意图，很痛快地端起那盆兰草走了。

大约一个时辰，保安又来了，一手拎一花盆，我还没反应过来，朋友却早已发出一声惊叫，随即以手掩面，显出十分惊讶和惋惜的样子，这时我才发现：刚刚那盆长势喜人、绿意盎然的兰草早已被保安齐根剪断，只留出指甲大小的一点儿根茎。

"没事，过几天就会长出来的。"保安似乎嫌她大惊小怪，不想多说，就掩门走了出去。

我把分植的那盆带回了家，浇水小心呵护，果然，三五天后，就有嫩芽从根部拱出，不出盈月，已长得虎口长，且根根茁壮，伴有分叉，又半月过去，竟然旁逸满盆了。

我欣喜地给朋友打电话，电话那头的她也是惊喜异常，说："我这盆也是，比先前更茁壮好看了，我刚才问了保安，他说当初之所以将叶子全部剪断，就是为了不让营养散失，留在根部，一点一点蓄积，这样长出来的叶子自然就更青葱碧绿了！"

放下电话，我在沙发上静坐良久：生活中，我们缺少的不正是这样一种剪断一切的勇气吗？我们珍惜荣誉，因为它昭示着曾经的辉煌；我们铭记着各种挫折、打击，因为它给我们前车之鉴……我们每天载着这些东西上路，日子多么负累，生活变得臃肿。

为什么不把一切抛掉，给生命一个全新的开始呢？

重新开始，生命才能焕发出勃勃生机。花如此，人更如此。

# 你的心态决定
# 你生活的状态

心态决定状态，有什么样的心态就会有什么样的生活状态。生活状态不好都是心态惹的祸，如果一个人的心态不好，他的生活状态肯定不佳。生活中，决定成败胜负的不是我们的技术水平，而是我们的心态。心态有积极和消极之分，消极在左，积极在右，任你来选。

人到了某个年龄段后，就会开始不断反思自己的生活本身了。

有些人的人生观是积极的，无论遇到什么事情，他们总能积极应对；有些人的人生观是极为世俗化的，并因无奈而变得消极，在他们眼中没有什么好坏之分，见到好的他们不会高兴，遇到坏的他们也不会悲伤。似乎一切在他们的生活中都失去了思考的意义。

英国有句谚语：乐观者在一个灾难中看到一个希望；悲观者在一个希望中看到一个灾难。面对半瓶酒，你会怎么想？是"糟糕，只剩下一半了"，还是"太好了，还有一半"。面对玫瑰花，你会怎么形容，是"花下全是刺"还是"刺上面全是花"？

一个人面临什么样的人生境况并不可怕，关键是他对这种境况有着什么样的看法。

一个对生活怀有热情，抱有期望的人，总会积极地面对生活的每一个状态。即使身陷困境，举步维艰，他也不会放弃，更不会变得消极、得过且过、灰心绝望。他会安慰自己：不要怕，一切都会过去，坚持一下状态就会改变的。

悲观的心态总会让自己陷入消极的状态中，尤其是那些世俗心特别重的人，什么东西在他们眼中都变得充满功利和现实。正因为如此，很多东西在他们眼中都失去了其原有的味道。所以，不是葡萄太酸了，而是品尝葡萄的人不能用心去品了。

有个园丁收获了满满一架葡萄。经过多年精心栽培，他的葡萄总是又大又甜。为了让别人和自己一起分享葡萄的滋味，他就抱着一串串葡萄站在家门口，让路过的人尝一尝。

一个富商路过，他就赶忙抱着葡萄走过去说："你尝尝我的葡萄好不好？"富商吃了一个，觉得味道还不错，就问他："你的葡萄这么好，多少钱一斤啊？这么好的葡萄，贵点也没关系。"园丁说："不要钱，我就想让你尝一尝，你觉得好可以拿去一些。"

富商有点不高兴了，说："你凭什么白给我葡萄吃呢？吃你葡萄肯定要给钱的，你给我拿两串吧，我回去慢慢品尝。"富商塞给园丁一笔钱，捧着葡萄走了。

园丁有点失落，这时一个官员走了过来，他又抱着葡萄走了过去，说："你尝尝我的葡萄怎么样？"官员一尝，太好了，说："你的葡萄真不错，给我拿几串。你要是有什么事求我就说，我不会白拿你葡萄的。"园丁说："我没什么事求你啊，就是想让你尝尝我的葡萄味道如何。"官员一愣："哦，你没事啊！那我怎么能白拿你的葡萄？"于是，官员把葡萄放下，走了。

过了一会，一对很恩爱的小两口走了过来，园丁赶忙抱着葡萄走过去。园丁想，这个少妇一定喜欢吃自己的葡萄，就笑着对少妇说："这是我种的葡萄，你尝尝味道如何？"她就拿了一串，吃过后喜笑颜开。此时，她丈夫不高兴了，瞪着眼睛问园丁："什么意思，你？"园丁一看情况不妙，转身就跑了。

其实，园丁就是想让他们和自己一起分享葡萄的美味，遗憾的是，他们都没有理解园丁的意思。在富商眼中，园丁一定是为了利才让自己吃他的葡萄；官员心中，园丁让他吃葡萄一定对自己有所求；漂亮女子的丈夫肯定觉得园丁对自己的爱人没怀好意。

生活中，很多人不都像他们一样吗？他们觉得别人的行为总是带有目的，没有无目的的行为。当一个人的世俗心太重时，很多事情便会在他面前失去真实面目。

有什么样的心态，就有什么样的世界，你的心态决定世界在你心中的颜色。很多时候，我们都会因生活状态不好而抱怨。也许你会抱怨自己糟糕的运气，也许你会感叹命运的不公，也许你会责怪自己用心不够……

然而，如果我们不能积极调适自己的心态，无论我们对自己的现状怎样挣扎都很难使其发生改变。状态不好，都是心态惹的祸。面对不佳的生活现状，我们需要做的就是尽快选择一种好的心态。只有心态变好了，积极了，我们的生活状态才会一点点好起来。

# 内心安宁比
# 什么都重要

知乎上有个问题获得了很多人的关注——"我们是如何一步一步走向平庸",小意看了一下评论,有一条长评论让小意眼前一亮,总结出来的一句话如题。小意之前被一个问题困惑了很久,我们是不是得来了一个小成功,就必须用无数个成功来维持之前那个小成功带给我们的荣耀?我们是不是也不自觉地活在别人的目光中?而那些被我们一度认为失败的人,难道真的失败了吗?这篇文章一定会让你找到人生的答案。

高考时,我考入了全国前十的某名牌大学。家族的亲戚长辈们非常艳羡,每每见着我父母,都会表达他们的羡慕之情,毕竟在我们家族,暂时还没有比我更厉害的了。在他们眼里,我估计就是那个别人家的孩子。我并不觉得自己有多厉害,从小便在奥赛班,我在班里,也就是个中下游。然而我也知道,我读的是名校。

名校的光芒的确很亮丽。大四找工作的时候,从来不需要参加什么大型招聘会。尤其我读的是计算机专业,科技公司们都是一一来到我们学校开宣讲会,就近面试。我不需要离开学校,投简历也从来没有被拒绝。只是一个月,面试了三家公司,拿了两个offer,于是自然而然就停止了找工作的旅程。于是和四年前一样的情景。我父母每次给我打电话都会说起家族长辈亲朋好友是如何高歌赞颂我的。而我依然,在我们班,中下游水平,觉得他们太大惊小怪。

正式工作,公司是一家业内挺出名的互联网公司。两个offer,开发与测试，我选择了测试。因为人人都说女生更适合做测试。那一年，项目不好，工作非常悠闲。我每天能花大半时间逛论坛看视频。一开始觉得很开心，工作舒服工资高。慢慢地，身边的人开始跳槽了涨工资了，而我，什么也没有学到，跳槽无门涨薪也无路。我开始思考，我在干什么。试过埋怨公司，认为我这么一个大好人才，却被投闲置散，落至今时今日这样的田地。也试过自怨自艾，认为自己不知不觉间变成了一个废人。直到这个时候，我才知道，我之所以觉得亲朋好友们的夸赞大惊小怪，其实是因为在我心底，我一直认为自己本来就应该是个天之骄子。一路以来走得太过顺畅，我以为自己并不高傲自大，其实这种高傲自大已经深入骨髓，我根本没有机会察觉。及至看到周围那些，曾经和我一个水平，甚至不如我的人，踏踏实实地走每一步，一步一步地抛离我，我才慢慢意识到，我并不是什么天之骄子，我只是一个平平凡凡的人。

接受自己是一个庸人这个过程非常痛苦。我每天都在剧烈的内心煎熬中。一时劝说自己，生来便是庸人，坦然接受便是。一时又斗志激昂，只要努力，我便能回到原来天之骄子的位置上。食不能安，夜不能寐。精神的压力直接导致身体的衰弱，一度卧病在床。

终于，我找到了疑似可以自救的方法，出国留学。美国留学，计算机非常热门，找到工作的概率非常高。于是我开始考托福，考GRE。在这个过程中，我内心的煎熬似乎减少了不少，那个重新获得我是天之骄子的自信的希望成了我的动力，我觉得我每天都在进步。说来也真的是巧合，我又只申请了三所学校，便拿到了dream school的offer。此时此刻，我的内心依然是骄傲的，似乎我不再是那个一事无成的废物。我看着身边的同事，心想，就让我追求更高更远大的梦想吧。相比起之前高考读大学找工作，每一样都是跟着大众的道路走过来的，出国留学这一件事，似乎终于完全是我自己的想法了。身边的朋友开始惊叹我的毅力。那么多曾经说毕业后攒够钱就要出国留学的朋友都把出国这件事无限期搁置了，而从来没想过要出国的我，却做成了。与其说是出国，不如说我是在努力证明我非凡人，我终于有了和身边的人不一样的东西了。

留学的日子很艰辛。我并不是家境十分充裕的孩子。当初只申请三个学校，不是因为自大，而是因为囊中羞涩。我用自己工作攒的钱考托福做申请，再用自己攒的钱交学费。也就是说，我把我的全副身家都拿出来奋力一搏，如果找不到工作，我便只能一无所有地回国。不仅仅又变成当初那个碌碌无为的自己，而且连身外之物都没有了。所以就读master期间，我精神十分紧张，周末不出去玩，作业一出来马上做，早上睁开眼睛到晚上闭上眼睛，都是在写代码。在这个过程中，我看着身边的土豪同学们和我的差别。他们心态比我轻松不少，吃喝玩乐享受生活一样不少。他们说，我们家有钱也是我的资本之一。我越来越觉得，我真的只是一个普普通通的人。论家世，我非官二代富二代；论钱财，我与同学们相去甚远。论能力，我也不是最出色的一个。所以，我凭何再说什么天之骄子呢？

我成功找到了工作。在三番面试后回到酒店，看着窗外的海景，我知道我会有offer，而我却觉得人生，似乎又没有了希望，没有值得憧憬的东西。一切好像来得这么自然，而我却并没有因此恢复到当年天之骄子的心情。在这里，我见识到太多奇人异士。有能力的人光芒万丈，有资本的人也靠着自己的资本过着我望尘莫及的生活。每个人都理所当然地演绎着自己的每一日。所以这一程也可谓失败。我什么都没有证明。我非凡人？不过是年少无知时的错觉而已。

相比之下，我国内的朋友，最近一个个结婚生子，安居乐业。我的妹妹，看起来学历能力一切不如我，却兢兢业业安安稳稳地工作着，闲时与朋友吃吃烧烤喝喝啤酒，上瑜伽班，学画画，日子过得不亦乐乎。你说这样是平庸吗？然而她却觉得幸福无比。我拿了两个名校的学位又一次进入了名企，努力了那么久，曾经我以为我也算一直在进步，最后也不过是朝九晚五地工作。而此时此刻，我只想回到家人的身边，过那带着油烟味的乏味无奇的日子。

不是承认了我的平庸，我便变得忧郁阴暗。是因为开始坦诚面对这个平凡的自己，我有了平常心。每一天的努力，不再是为了追逐什么天之骄子的虚荣，而是为了享受这美好的人生。

我会买漂亮的小物品和家具，精心布置我的小家。花很多时间去钻研美食。每天游泳健身追求马甲线。周末的时候或骑行或登高，又或是与好友们喧哗吵闹地相聚。我也有了学习油画和乐器的计划。其实一切都不足为奇，只是以往的我，时刻焦虑，从未在这样生活的时候留意到自己的幸福。

个人能力的进步也不会停止。努力地工作，主动地学得更深更精，我在攀登另一个高峰。如我父母所言，我本来就是一个野心家，怎么可能就此停下。我倒不觉得这是野心，我只是有着让自己越来越好的强烈的欲望。而这种欲望，现在仅仅是一种动力，不像以前，会逼得我喘不过气。

这个过程，从自诩不平庸到不甘平庸再到不在乎平庸，也算是一步一步走向平庸吧。但我总算找到了让内心安宁的生活。

我想，大千世界，谁人不平庸谁人平庸，一切不过是心魔。努力上进也好，安稳度日也好，若是不幸福不快乐，又有何用。

# 每一个当下，都应该拥有一个宁静的心

面对纷繁杂乱的世事，常怀归零心，不被外世所扰，才能坚守心中的那份宁静，才能更好地包容万物，接纳新的挑战。

宇宙万有，因为虚空含纳包容，所以能拥有日月星河的环绕；因为高山不拣择砂石草木，所以成其崇峻伟大。每个人都是一个小宇宙，只有定期清除心灵污染，给自己复位归零，才能从"空无"中体验到"富有"；才能解除心中的框框，把心放空，让心柔软，从而包容万物、洞察世间，达到真正心中万有，有人有我、有事有物、有天有地、有是有非、有古有今，一切随心通达，运用自如。

红尘滚滚，物欲横流，人们对生活品质的诉求与日俱增，随之而来的压力更是让人感受到一种难以摆脱的压抑和烦躁，抱怨之余我们该好好反思：不要归罪于外物，而是我们的内心失衡，被尘世污染，充满了心灵垃圾，只有学会定期给自己复位归零，才会发现枯燥、缺少激情的生活和工作原来是那么美好。所有的事情都是有因果的，外在的放手来自内心的割舍，而内心的割舍，恰恰又是最不容易做到的。

当然，把心态归零，不是让我们消极避世，而是让我们更洒脱、更从容，面对金光闪烁的花花世界，多一分清醒、多一分淡泊、多一分安宁。

美国哈佛大学校长来北京大学访问之时，曾讲过一段自己的亲身经历：这一年，他向学校请了三个月的假，然后告诉自己的家人，不要问我去什么地方，我每个星期都会给家里打个电话，报个平安。实际上是因为厌倦了日复一日重复的工作，于是，他只身一人去了美国南部的农村，趁着假期去尝试着过另一种全新的生活。在那里，他做着各种各样的工作，到农场去打工、给饭店刷盘子。和农民们一起在田地里做工时，背着老板躲在角落里抽烟，或和工友偷懒聊天，这些都让他有一种前所未有的愉悦。

他还说到了他遇到的一件最有趣的事。他最后在一家餐厅找到一份刷盘子的工作，只干了四个小时，老板就把他叫来，给他结了账。饭馆老板对他说："可怜的老头，你刷盘子太慢了，你被解雇了。"于是，这个"可怜的老头"重新回到哈佛，回到自己熟悉的工作环境后，他觉得以往再熟悉不过的东西又变得新鲜有趣起来，工作成为一种全新的享受。

哈佛校长短短三个月的经历，像一个淘气的孩子搞了一次恶作剧一样，新鲜而刺激。关键在于，有了这次经历之后，一切在他看来都充满了乐趣，也不自觉地清理了原来心中积攒多年的"垃圾"。

面对纷繁杂乱的世事，常怀归零心，不被外世所扰，才能坚守心中的那份宁静，才能更好地包容万物，接纳新的挑战。蛇类每年都要蜕皮才能成长，蟹只有脱去原有的外壳，才能换来更坚固的保障。旧的思想如果不舍弃，新的思想就不会诞生。

从零开始，其实就是一种虚怀若谷的精神。有了这种精神，人才能够不断进步。昨天的成功，不代表明日的辉煌，过去的失败，也不代表将来不能成功。如果你一味沉浸于以往的成功、荣誉、辉煌、掌声或成绩之中，就难免会迷失自我。同样的道理，如果你太过于在意昔日的失败、无能、平庸或污点的话，也会导致裹足不前。所以，你需要把过去归零，把心中储积的情绪归零，让自己恢复平静，充满活力。

把心态归零，不是让我们消极避世，而是让我们更洒脱、更从容，面对金光闪烁的花花世界，多一分清醒、多一分淡泊、多一分安宁。

当"归零"成为一种常态、一种延续、一种习惯时，我们就是在不断地超越自己。每一个当下我们都拥有一颗宁静的心，让我们以全新的状态去面对、去感受、去融入，那么静界就会决定境界。

# 简单从容地
# 面对生活

一直向往一种生活"只闻花香，不谈悲喜，饮茶读书，不争朝夕"。在安静祥和的时光里，依着明媚的绵软，在午后温暖的阳光下，慵懒地享受人生。

不经意间，已是快人到中年，忽然间有一种被青春抛弃的无奈，有一种被岁月洗尽铅华的不舍。开始向往一种宁静，如一汪秋池般，没有喧闹、没有浮华，有的只是一份淡然、一份心的安宁、静谧。

一帘暖绿润了眉，一片雪花醉了心，喧嚣的尘世，变换的色彩，匆匆的背影，无尽的欲望，我们心灵深处，缺少了一道隽永的风景。忽然想去天高云阔的草原看看，那里逍遥自在，可以引吭高歌，整个大漠任我驰骋。想去深山里走走，那宁静清幽，静谧祥和，可以净化心灵，漫山遍野唯我独享。想去大海边瞧瞧，那浩瀚无边，可以洗去铅华，心清神静独坐参禅、品味别样的人生。

每个人的一生，都是时间与梦想的追逐，从稚嫩到成熟、从无知到理解懂得，我们在时间和平淡中填充着自己的行囊。慢慢地，学会了做人要真诚、谦和；懂得了做人要理解、包容；也明白了善待别人就是温暖自己，我们的人生，总是因静而从容，又因从容而优雅。

其实人活的大概就是一种心情吧，都说人生如戏，但却不容我们彩排，戏中的导演，始终是我们自己。心若向阳，必生温暖，心若哀凄，必生悲凉。

人活着，也该有个梦想，有了梦想，才有前进的动力；只有不断地追逐梦想，生命才会更加精彩。有了梦想，生命就有了依托，有梦想，才能将生命的潜能发挥到极致。虽然现实生活中，并不是所有的梦想都能成真、都能开花结果，但每一个梦想都曾是多姿多彩，我们每一个人都因追逐梦想而生活得更加有意义。梦想，不是浮躁，而是沉淀和积累，我始终相信：只有拼出来的美丽，没有等出来的辉煌。

曾经看过一句话，很喜欢，"如果有来生，要做一棵树，站成永恒，没有悲欢的姿势，一半在土里安详，一半在风里飞扬，一半洒落阴凉，一半沐浴阳光。"不知道怎样理解它才对，但是看了总是感觉很舒服。走过泥泞，才知辛苦；登过高山，才知艰险；趟过激流，才知跋涉；跨过坎坷，才知超越；我发觉我长大了，不再像儿时一样喜欢把一切过得轰轰烈烈，中年不期而至，才发觉云淡风轻、平平淡淡才是透着生命真谛的美丽。

人生的最高境界，莫过于经历了风雨后仍有一颗不染尘埃的心，喧嚣的尘世中，让生活回归简单、宁静。淡然于心，自在于世间。云淡得悠闲，水淡育万物。学会爱一切、包容一切，学会感谢、学会感恩。风来听风，雨来赏雨，花落不悲，花开不喜，从容地面对人生。

回归简单，走向自然，素心无尘，步步青莲。

# 很多事并没有
# 你想得那么可怕

　　乐观，是最为积极的性格因素之一。乐观就是无论在什么情况下，即使再差也保持良好的心态，也相信坏事情总会过去，相信阳光总会再来的心境。

　　一个人从小到大，无疑会经历无数大大小小的事情，顺境与逆境、快乐与悲伤、理想与现实等，一切都会表现在心情上，值得开心的时候，开心是自然的，而不顺心的时候，想要开心起来可能会难了许多。人要想开心的时候多一些，关键还是心态，即如何面对每天发生的一切。

　　有个叫塞尔玛的女人，她陪丈夫驻扎在一个沙漠的陆军基地里。她常常一个人留在小铁房子里，天气炎热，没人聊天，而当地的土著居民也不懂英语。她非常难过，于是写信给父亲，说要丢开一切回家去。她父亲的回信只有两行字，却完全改变了她的生活：两个人从牢房的铁窗望出去，一个看到泥土，另一个却看到了星星。

　　塞尔玛一再读这封信，感到非常惭愧，决定要在沙漠中寻找"星星"。于是，她开始和当地人交朋友。他们的反应使塞尔玛非常惊奇：她对他们的纺织、陶器表示兴趣，他们就把他们最喜欢但舍不得卖给观光客人的纺织品和陶器送给了她。在那里她研究那些引人入迷的仙人掌和各种沙漠植物、物态，观看沙漠日出，研究海螺壳，发现这些海螺壳是十几万年前这沙漠还是海洋时留下来的……原来难以忍受的环境变成了令人兴奋、流连忘返的奇景。

　　一念之别，塞尔玛把原来认为恶劣的情况变成了一生中最有意义的冒险，并为此写了一本书，以《快乐的城堡》为书名出版了。她从自己的房间里看出去，终于看到了星星。

拿破仑·希尔说："一个人是否成功，关键看他的心态。"他告诉我们："我们的心态在很大程度上决定着我们人生的成败。"

不久前，在一家公司就职的李先生被解雇了，他是突然被"炒鱿鱼"的，而且老板未做过多的解释，唯一的理由是公司的政策有些变化，现在不再需要他了。更令他难以接受的是，就在几个月以前，另一家公司还想以优厚的条件将他挖走，当时他把这事告诉了老板，老板竭力挽留他说："放心，我们更需要你！而且，我们会给你一个更好的前景。"

而现在李先生却是如此结局，可想而知他是多么痛苦。一种不被人需要、被人拒绝以及不安全的情绪一直缠绕着他，他不时地徘徊、挣扎，自尊心深受伤害，一个原本能干而且有生机的年轻人变得消沉沮丧、愤世嫉俗。在这种心境下，李先生怎么可能找到新的工作呢？

也就在此时，积极心态的力量发挥了最佳功效，使他重新找到了自己。

有一天，他看到一本书，里面讲述了积极心态的强大力量。看过一遍后，他开始思考自己，他目前这种状况是否也存在一些积极的因素呢？他不知道，但他发现了许多消极负面的情绪，这些负面因素是使他一蹶不振的主要原因。他也意识到一点，要想发挥积极思想的功用，自己首先必须做到一点——排除消极的情绪。

没错！这便是他必须着手开始的地方。于是，他开始改变思维方式，摒除消极的情绪，代之以积极的思想，做任何事情都充满激情。从此，他的整个心态完全变了，他又找到了自己的工作——是他的朋友极力推荐他的。

试想，当李先生心中充斥着不满、怨气和仇恨时，他怎么可能尽心尽力地去找工作？倘若他遇到朋友时，仍然怨天尤人、愤愤不平，你想他的朋友会认为他是个适当的人选而大力向人推荐吗？所以，李先生后来的转机一点儿也不出人意料。他只不过是及时调整了自己，让自己保持了一个乐观的心态而已。

拿破仑·希尔认为：成功人士的首要标志，在于他的心态。一个人如果心态积极，乐观地面对人生，乐观地接受挑战和应付麻烦事，那他就成功了一半。

乐观的人在危机中看到的是希望，悲观的人看到的是绝望。乐观的心态能把坏的事情变好，悲观的心态会把好的事情变坏。

保持乐观的心态，需要我们遇事多从事物好的方面考虑，始终怀有这样一种信念："我行，我一定行！"当我们历尽艰难，获得胜利时，回头看看，原来它并不可怕，并不是不可征服的。

# 打开心扉，
# 怀抱阳光

做人、做事都是由心而发，心得不到滋养，不免做人、做事就会有偏差。养心不难，就是打开门，推开窗，接受阳光，养心并不辛苦，不是随心所欲，而是顺其自然。

养心，听起来挺古怪的字眼，其实，我们每个人都在自觉不自觉地，在滋养自己的心。不信？你想象，是不是"生活滋养心，心也在滋养着生活。"

有时候感觉，悠闲、随意，不经意间心情就会好起来，有时也会感觉，优雅、淡然，求之不得，却在简单、放下之后，收获了心境的怡然，养心有其必然性，也有戏剧性。

养心不需要谁刻意的安排，也不是什么远大的理想追求，只是服从于自然，听从于生活。在人生的角落，或者每一天太阳升起的开始，信手拈来，可以是一点小时光，是一点兴趣所致，是符合自己心情的一点文字，这一切都是营养，都可以用来滋养我们的心性。

在这个世界上，谁也不是天生的圣人，心有点俗念不可怕，我们在柴米油盐中修炼，只要不是俗不可耐，还是有乐趣的；只要不装腔作势地伪装，简单生活，平凡烟火，把心养得简单素朴，这朵心花的灿烂，堪比自然的烟火。

即使希望自己心性雅一点，也不要脱离生活，再美的事物都需要基础的衬托，低调一些，踏实一些，忙里偷闲，听听鸟语，看看山水，对着云烟发呆，对着落叶伤怀，让生活诗意一些，诗情画意的白描，浸润进心里，这也是不可多得的营养。

人活着就要懂得汲取心的营养，不说人生苦不苦，活着就是为了一份心情，丰盈了心的内涵，也就丰满了生命的肌体，若是由内而外流淌着清泉一样的明澈，人生怎么会朦胧，生命怎么会沧桑？

人生有太多的无奈，有太多的不如意，只是我们在生活的阴影里被禁锢的时间太长了，忘了心的存在，不去滋养，任其枯萎、颓废，生活在阴雨连绵的日子里，埋怨、哀叹、抱怨，若是懂得滋养一下，不说是明澈透亮，至少应该是清净、阳光而乐观的。

看别人日子过得不好，不要说是运气不好，或者是宿命在作怪，实际就是没有养心的缘故，若心不在位上，怎么操劳，怎么辛苦都是徒劳，若心得不到滋润，冷漠、枯燥就会随之而来，哪里还会有温暖、幸福和浪漫。

养心重要，自己的事情自己做好，若是自己的心都养不好，怎么去经营自己的生命，怎么去对待别人的生活，怎么去追求明天的希望和满足于自己的拥有？养心，养一些正气，积蓄一些善美能量的确很重要。

养心，不需要我们多么高尚，只是朴实厚道，做事做人不要云山雾罩的就可以了；养心，不需要我们一尘不染，一尘不染就失去了味道，保持一点简单纯真，那些烦恼和算计就不会纠缠着你；养心就是不断趋近于自然，若是心静自然了，你对痛苦不以为然，它也就退避三舍而不敢近身了。

养心，就是多向自然靠近，找一个角落，找一枝树干，或者在草尖上做一滴露珠，能栖息自己的心灵就行，或是在一杯茶中，品尝苦涩，经受煎熬，但是，要记得那一缕幽香就行。

其实，养心不难，主要是让心安稳，切不要欺骗自己的心，简单做人，诚实做事，坦荡而行，安然而居就可。

# 别让着急
# 影响了你的品味

## [ 1 ]

村上春树在《挪威的森林》里，提到对一夜情的看法：

作为疏导情欲的一种方式固然惬意，但早上分别时就令人不快，"醒来一看，一个陌生女孩在身旁酣然大睡，房间里一股酒味，床灯、窗帘都是情人旅馆特有的大红大绿俗不可耐的东西"。

然后女孩醒来，"窸窸窣窣到处摸内衣内裤，一边对着镜子涂口红粘眼睫毛，一边抱怨头疼、化妆化不好……这些都令人产生自我厌恶和幻灭之感。"

所以，"和素不相识的女孩睡觉，睡再多也是徒劳无益，只落得疲惫不堪，自我生厌。"

——这些话是书里的男主角渡边说的。

而同样是渡边，在与关系亲密的女主直子"睡了"后，体验到的却是"从未感受过的亲密而温馨的心情"，在直子消失后，他觉得"心里失落了什么，又没有东西填补，只剩下一个纯粹的空洞被弃置不理，身体轻得异乎寻常"。直至十八年后，仍然"死命抓住已经模糊的记忆残片"，"只要有时间，总会忆起她的面容"。

这就是肉欲之爱和精神之爱的差别吧。前者是快餐式的发泄，而后者会绵延于心。前者结束后只落得疲惫和幻灭感，后者却留有历久弥新的余味。

[ 2 ]

好东西，总该是有余味的。

过去人们形容好音乐，说是"余音绕梁，三日不绝"，这是至高的赞誉，虽浮夸，却道出了音乐的魅力与魔力。相反，若是有什么音乐，听时觉得婉转悠扬，但听过留不下任何余味，甚至使人厌倦，那就显然不够好。

品酒也是。衡量葡萄酒好坏的一项重要指标，便是余味。"余味悠长"是任何一款好酒的必备特点，越是顶级卓越的酒，余味便越细腻、圆润、悠长。

关于这个"悠长"，西方人还制定了明确标准，和我们对音乐"三日不绝"这种浪漫主义的夸大不同，认真的西方人认为，一口葡萄酒饮下之后，口腔中的味道若10秒内消失，这酒就不怎么样，若能持续20到30秒，便该是一款不错的酒，要是余味能达到45秒甚至一分钟以上，那就厉害了，一定是瓶精工细作的高品质佳酿。

美食就更是。《舌尖上的中国》导演陈晓卿说，好的食物，是能让你心灵得到慰藉的食物，而非"简单的口舌之欢"。仅仅满足口舌之欲，是食物的最低层次。

真正的美食，在饱了口福和肠胃之后，还应该让内心得到某种慰藉，让你在酒足饭饱之后，看着满桌杯盘狼藉，不至于像一夜情结束后的早晨那样，产生厌恶和幻灭感。好的食物，必有余味，吃时痛快淋漓，肚子饱了，还意犹未尽。

连制作美食的过程也是如此。现在人们用煤气烧菜，总觉得没有柴火锅烧出来的香，一个原因就是煤气关了，热量就停了，不像柴火和煤，火熄了，柴灰和煤灰还热着，这点慢悠悠的热度，恰能把食物蕴藏的美味烘出来。而微波炉就更差，一旦停转，连锅灶的热度都没有，所以出来的食物就更寡淡。

别小看最后这点余温，事物的好坏往往就在这微妙的差别上，好一点就好很多，差一点就差很远。

[ 3 ]

说回感情。

相恋时，男孩在甜蜜约会后送女孩回家，恋恋不舍分开，男孩走远了，女孩还站在原地不走，心被浓情包裹着，柔软地荡漾，那爱情的余味，妙不可言。

或者，就算分手，两人也有一个恰当的收尾，没有疲倦、没有难堪、没有撕破脸，到若干年后，再想起对方，记忆里的画面还是美好的，心中的感受也是愉悦的，这多可贵。

少年派说，人生到头来就是不断地放下，遗憾的是，我们来不及好好道别。——好好道别，为的就是让感情最后留下一个好面貌，在曲终人散后，仍使人可以慢慢回味。否则，如果一段关系恶声恶气头破血流地结束，之前再美，也要大打折扣了。

[ 4 ]

"人生和电影，都是以余味定输赢。"这是日本导演小津安二郎说的。确实如此。一部电影，若不能给人感悟和回味，观众纵使从头笑到尾或哭到尾，也只是短暂的发泄，看过也便看过了，记不住，票房再高，也不能算赢。

人生更是如此。好的人生未必多风光、多惊艳，也不是非要大风大浪或者顺风顺水，但总是要活出点自己的意思，要把独属自己的光芒绽放出来，从而经得起细致长久的品味，老了跟孙儿们讲讲，能让孩子们发自内心地赞一句：

嘿！真棒！

——就算不跟别人讲，自己咂摸咂摸，也觉得别有一番意趣。不至于坐在摇椅上晒着太阳，回想起这六七十年，只觉得乏味。

余味，是衡量一样东西好坏的重要标准。无论什么，如果真的好，就该在拥有之后，在经过之后，在结束之后，还有些美好留存，令人流连不舍，久不能忘。

可惜现在这样的好东西越来越少了。人们匆匆忙忙吃，匆匆忙忙爱，浮光掠影，急不可耐，没心思细品慢尝，这一口还没下肚，下一口已经迫不及待等在唇边，猪八戒吃人参果一样。粗莽之下，不但没心思创造值得品味的好东西，就算身边的好光景，也常常被辜负了。

# 05

## 别让坏情绪
## 影响最亲近的人

# 别把你的坏情绪
# 带进家门

## [ 1 ]

洗完澡，我正准备上床休息。同事雯雯打来电话，在那端哭叫：姐，我没法活了，他竟然打我！我现在就把我爸妈和他爸妈都叫过来，我要和他离婚。

我不知道雯雯发生了什么事，赶紧换好衣服，飞奔去她们家。

敲开门，客厅里一片狼藉，雯雯搂着孩子在哭，她老公坐在沙发一角不吭声。我惊讶地问：这是怎么啦，大半夜不睡觉，闹得鸡飞狗跳的，也不怕邻居笑话！

雯雯气呼呼地说，姐，他就一疯子，下班不回家，跑外面喝酒，回来撒酒疯要喝牛奶，我说都让宝宝喝了，他就骂孩子，我顶了他一句，他竟然上来给我一巴掌。我打不过他，就把能摔的都摔了，这日子不过了！

我大声问雯雯的老公，你没病吧？

雯雯老公酒已经醒了，一脸懊恼：唉，姐，大半夜的还让你跑过来。今天，我做的一份企划书给老板看，他说我应付了事，工作态度有问题，还给我扔到了地上。我心里有气，就去喝了点闷酒，回来借着酒劲闹成这样，对不起，我错了。

我赶紧让他们给父母打电话说没事，千万别过来。这一折腾，小事也成大事了。

[2]

安抚好雯雯两口子，我下楼回家。走在小区的甬路上，我想起去年那次在单位工作不顺心的事。

有人在背后打我小报告，老板借着一个话题把我数落了一通。我怒火万丈回到自己办公室，狠狠地把门一摔，几位同事被我狰狞的面容吓得不敢说话。

下了班，老公打来电话，说他们单位小宋要调走了，想两家坐坐吃个饭。我"嗯"了一声就挂了电话。

来到饭店，小宋一家三口已经到了，我老公接了刚刚放学的女儿也来了。我挤出一点笑容和他们打过招呼，坐在座位上一言不发生闷气。

吃饭时，老公看我不对劲儿，就问：你今天怎么啦，像每个人都欠你钱似的，从进来就拉着一张脸。我没好气地说：你欠我呀，你要是有本事能养我，我还用在单位受这窝囊气！

老公也有气：你没事发什么神经！

小宋赶紧打圆场：嫂子，你怎么啦，我这要调外地了，咱们两家再聚一次就没这么方便了，今天高高兴兴的，好吧？

忍了半天的眼泪终于哗地一下流了出来，我不好意思地说：对不起小宋，我今天在单位被老板给莫名其妙地批评，心情不好，跟你没关系。

小宋叹了口气说，唉，其实，咱们哪个人没有在工作中受过委屈呢。我以前也是，总是把气带回家冲他们娘俩撒，因为这，我和媳妇也没少吵架。直到有一天我工作很晚，心里带着气回到家，儿子看见我，兴奋地和他妈妈说：爸爸回来了，赶紧热下饭，咱们吃饭吧。我这才知道，他们一直饿着肚子等我。我又感动又惭愧，心里那点气一下子消弭了。

这个世界上，除了父母妻儿，谁会在深夜为你留一盏灯，多晚多困都等你回家？无论你在外面是多么的卑微渺小，你在他们眼里都是巍峨的高山，是参天的大树，是不可离开的天空。你，或许只是这个世界的可有可无，却是他们生命中的最大依靠。

"从那以后，无论在工作中有什么不顺心的事，我都不会再把坏情绪带回家了。那些坏情绪就是一件外套，我回家之前会把它脱在家门外。"听着小宋动情的话，我的心慢慢暖了起来。

## [3]

是啊，我们那么努力工作，不就是为了让自己和家人过上幸福的日子吗？谁在工作中没有受过苦和累，可为什么我们总是本末倒置，把工作中的坏情绪带到家里来，带给我们最亲的人？这，是何等的不值！

其实，无论你在工作中受过什么样的委屈，当过一段时间回头再看那些事，都是芝麻绿豆、鸡毛蒜皮，根本不值得放在心上。

可是，家，却是我们最该珍惜的地方。那是你受了伤可以疗伤的地方，是你可以卸下伪装不用小心翼翼的地方，是你可以痛快哭纵情笑的地方。那里，有你最亲的父母，最爱的孩子，拿最好的青春陪你过苦日子的亲爱伴侣。他们，才是你生命中最重要的人。

就算门外凛冽如冬，推开门，却是春风拂面。家，是这个世间最温暖的地方。所以，你最该带回家的是快乐，而不是烦恼。你最值得做的一件事，就是让最爱你的人们，幸福。

# 追逐太阳，
方能绽放光彩

生活中的某个场景，总是让人特别容易感伤。

比如，夜深人静，你独自站在窗前欣赏万家灯火。

比如，阴雨天气，你没带雨伞，全身被泥水打湿。

比如，独自一人走在川流不息的马路上倍感失落与彷徨。

比如，感冒发烧却没有一个人在身边照顾你。

比如……

每当遇到类似的情况，我们就会觉得人活着真累，生活怎么这么苦。总觉得自己熬不下去了。其实，觉得累就对了，安逸是留给死人的。一个人活着，就得多折腾。

有人说，生前何必久睡，死后必定长眠。我不知道，死后人们会去到哪里？灵魂是进入天堂，或者地狱，还是所谓的极乐世界？可我知道，不需要纠结于如此预想不到的事情。死亡的归所就交由天定，我们只需要做人可为之事。活在当下，就应当在能吃苦的年纪多吃苦，在能做事的时期多做事。

当自己老了，什么也做不了的时候，坐着摇椅，翻看着陈年的相册或者日记本，一点一滴地回忆年轻时所历经的风风雨雨，心里会满是欣慰，而不是悔恨，此生便已足矣。

现在的我们，似乎不缺朋友。每日沉迷于社交，微信圈，通讯簿，QQ群等聊天软件上几百个好友。可是，有时候孤独还是会不经意地打败你所有的情绪，占据你的心房。所以我们在网上写着无病呻吟的心情，只是渴望有人理解，有人安慰，有人同病相怜。但生活常常事与愿违，人心间的距离却越拉越大。我不晓得，这样是好还是不好。因为孤独让人变得成熟，也可让人封锁自己的内心。

朋友在人的生活中是至关重要的。不需过多，知己两三，便是最好的状态。朋友的意义，就是有福不一定同享，有难却必定同当。对于你获得成功，他不会嫉妒；对于你吃过的苦，他却是看在眼里，记在心里。你需要自由时，会完全有自己的空间。而你孤单时，一个电话就能把他们call到身边。所以，在生活中，不要太过自闭或者宅腐，常和朋友联系，多和朋友交流，生活会充满很多欢声笑语。

人生中，有些事情是我们可以掌控的，把握得好，我们会拥有更多的成功机会，即使失败，也不会怨天尤人。每个人都喜欢阳光，可是有阳光的地方就有阴影。光明和阴暗是一对形影不离的姐妹花，伴随在每个人的左右。而我们，要像永远追寻太阳的向日葵，盛开出自己的灿烂。

当你累了，就给自己加加油吧。

# 在最亲近的人面前，
# 更要学会忍耐

小丁是办证窗口的一名工作人员，每天来找她办证的群众络绎不绝，面对不好说话、蛮不讲理的人她都能心平气和，并且面带微笑地跟办事人解释清楚。即使遇到办事群众对她大喊大叫，她都能做到处事不惊，依然十分平静地做好服务工作。

有一次，一位大老板拿着一堆资料来找小丁办理企业营业执照。这位老板之前来过，由于资料不齐全，小丁把他打回去了，并且很详细地告诉他还差哪些资料。他这次又来，小丁仔细查看了他带来的资料，看他是否又忘记了什么。

果不其然，还差一份申请表。

没办法只有再叫他回去准备好了再过来，这次这位老板立马就发火了，扯着大嗓门说小丁业务不熟练，办个证要他跑几趟，还说小丁服务态度差、效率低之类难听的话。

小丁遇到这样的人，也不会去急着辩白，而是继续耐着性子跟他解释半天才把那位老板打发走。

小丁有时很佩服自己，当众面对别人的指责和刁难，她都可以控制自己的情绪，没让自己的坏情绪也跟着点燃和爆发起来，跟别人一起对骂发火。

可能一方面是因为工作的需要，另一方面她自己也觉得没必要跟不相干的人着急上火。

可她就觉得奇怪，自己总喜欢把一些坏情绪留给最亲的人，特别是在爸妈、爷爷奶奶面前很容易发火，他们如果有一句话没有说好，她的火气立马就上来了。

用很重的语气跟他们讲话、甩脸子给他们看、对他们说的话当耳旁风；要么就是遇到自己心情不好时，他们再怎么嘘寒问暖，都不搭理他们，跟他们冷战到底……等等这些小丁在家里都是司空见惯了的，在自己最亲近的人面前她从来不克制也不掩饰自己的坏情绪。

小丁记得有次她带病上班，妈妈很担心她的身体，就打个电话过去，问她好点没有，有没有正常吃饭，工作忙不忙。

当时，小丁正忙得不可开交，有几个办事群众围着她团团转，她想喝热水的时间都没有。这时接到妈妈的电话，立刻气不打一处来，自己本来就忙，身体又不舒服，妈妈这时打电话来不是添乱吗？

"你别有事没事跟我打电话，我正烦着呢，"小丁用很重语气跟妈妈说了这样一句就把电话挂了。

很多朋友都有这样的经历，每次跟家人发火后，就很后悔，觉得自己不该对自己最亲近的人那样乱发脾气，老把坏情绪留给他们。大家都知道不管他们说什么、做什么其实都是为自己好，因为关心自己、爱护自己，他们才会在你面前唠叨，要求你这，要求你那。如果能设身处地为父母想一想，自己也许就不会着急上火乱发脾气，在最亲近的人面前就不会有那么多坏情绪了。

我们都有过类似的经历：

在外人看来我们都是性格很随和的人，却在亲人面前总容易暴躁、发火，总是把不好的情绪留给自己最亲近的人。

或者我们在外面遇到不如意的人和事就回来把坏情绪发泄到自己的家人身上，事后，自己又很后悔这样做，因为这样不但伤害了自己最亲的人，自己的内心也会受到谴责和伤害，真是两败俱伤，根本没必要。

　　所以，我们要像忍耐自己不相干的人那样，在自己最亲近的人面前学会忍耐。前者我们的忍耐是不带感情的，那样很容易做到，因为他们对你而言不重要，所以你可以忽视。

　　但你最亲近的人往往也是你最重要的人，就更应该去学会忍耐，带着爱去忍耐，那样的话，家庭就会少了争吵和伤害，所谓"家和万事兴"就是这个道理。

# 一个人时是最好的升值期

## [ 1 ]

"秋天该很好,你若尚在场。"表弟小林说,他想把这句话发给她,可终究还是没有。

三个月前,我碰到小林时,他刚刚结束了四年的感情。他从没想过,那个心心念念想为自己穿上嫁衣的姑娘,也会离开自己。盛夏的午后,阳光刺眼,知了聒噪,他漫无目的地走在小区里。他说睡不着,书也看不下去,连打游戏都没兴趣。

现在的他,已经没有了那时的沮丧落寞,变得稳重而踏实。他对我说,这三个月来,他用尽全身力气去不断反刍,回忆这段感情,更回看过往的自己。以前,既是学生干部又有如花美眷的他觉得一切都顺风顺水,也理所当然。每天的时间排布得满满当当,他也乐在其中,无暇多想。

分手以来的这三个月,他想的东西比过去三年都多。他逐渐明白了自己的幼稚失职,也发现了彼此的尖锐棱角,然后知道了自己是什么样的人,想要什么样的生活。他给自己制定了一个小目标和一个大计划,有点难,可他正在全力以赴。他说,失恋,好像让自己从男生成了爷们儿。

像是揠苗助长,可放在这里,效果却出乎意料的好。在与失败感的短兵相接中没有败下阵来,在丰盛的回忆中提纯出清澈的勇气,然后重新出发。看似手无寸铁，实则无坚不摧。

"这是最好的时代，也是最坏的时代。"时间会消解不甘还原真实，从一种熟悉的状态中脱离出来，也为你提供了一个契机，与自己对话，看到曾经被遮蔽掉的却非常重要的东西。渐渐从愤懑到懂得，到最后，只想对那个离开的背影说一声不辜负。

[ 2 ]

我也有一个想感谢的人，和一段想感谢的时光。

那是大三，我去参加一场音乐会。刘辰是乐队首席，我是记者。大概是音乐会给人蛊惑，让台上的他显得愈加光彩夺目。在随后的采访中，我更佩服他知识的广博和见识的深度。一颗种子在心里发了芽，扭扭扭地想要破土而出。在许多个辗转反侧的夜里，我在网上搜集一切关于他的信息，把他朋友圈里的照片存进我的相册。而我和他，只有那一面之缘。

在又一个翻看刘辰朋友圈的深夜，我突然觉得自己特别无趣。这是在做什么呢？我问自己。他像夜空耀眼的星，而我只是大地上的一粒沙，低到尘埃里，他永远都看不到。嗯，暗恋没用，我需要变好！

以前对音乐一窍不通的我开始恶补各种音乐知识，手机曲库里多了许多经典音乐，我从不知道音乐的世界如此精彩。我顺着他分享的书目去读了很多原来并不在我涉猎范围的书，然后不断地发现，哦，原来这件事还可以这么想。他喜欢跑步，那我就去练瑜伽。从瑜伽入门到茶熏瑜伽，我享受着身体舒展带来的愉悦。

不知不觉间，我不再眼巴巴看着他做什么我就做什么。我开始主动地走出自己的舒适区，把触角伸向所有可能的地方，接触新鲜事物，探索未知世界。生命像是被不断地打开，注入新鲜的活力，我带着充盈的元气迎接每一个日子。

后来，我看到了刘辰恋爱的消息，我竟没有太多难过。是的，我错过了他，可我相逢了一个更好的自己。

不再瑟缩在世界的一角等待，等待某个人带我飞跃现实的不完满。当我把那颗脆弱的玻璃心终于安放在自己的羽翼之下，然后张开身体里每一个细胞去拥抱未来的时候，我感到前所未有的踏实与欣喜。

总有人说到暗恋的心酸与寂寞，可那也可能是一道光，照亮我们生命中原本暗淡贫瘠的部分。把纠结不安的心事变成即刻行动的动力，把愁肠百转的时间用来提升自我。自己的生活过得热气腾腾，正是对这段感情最大的敬意。

# [3]

我很欣赏的一位女作者曾写道："有些路你可以一个人走的"。她说，电影 Beginagain 里，让她印象最深的镜头是结尾。女主角骑着自行车穿过纽约的夜景，眼里有泪，但风把她嘴角的笑轻轻扬起。她没有和大红大紫的前男友复合，也没和把整个城市变成录音棚的大叔一吻定情。她就那样跨上自行车，一个人，走向她未知的、需要重新单打独斗的未来，背影比纽约的夜景还美。

到了该出双入对的年纪却依然茕茕孑立，单身似乎天然带着一种挫败感。可我的朋友方丽从不这么认为。她的经典台词是：沦为单身，不提也罢；贵为单身，怎样都好。在单身贵族的路上走得欢脱跳跃。

上学时，她就开始学法语。周末一早，举着面包就去挤公交上课。每晚七点，她会小心翼翼地绕过在宿舍楼下你侬我侬的姑娘小伙，到操场上夜跑。所以，她的体能足以支撑她在每年的暑假随专业登山队征服一座高山。

一天夜里，独自住在出租屋里的她突然听到门把手被剧烈地扭动起来。她害怕到每根汗毛都立起来了，脑子里飞速想着：我刚才锁门了吗？是坏人吗？我该怎么办？手不停发抖。好在只是对方走错了楼层。有那么一瞬间，她想，如果有个男朋友一起就好了。不过她更现实，马上开始学习女生自保与自救的方法。正是这些知识，让她有了独自去法国出差、飞机半夜落地一个人去酒店的勇气。

曾读到冰心与铁凝的故事。铁凝年轻时拜会冰心，冰心问她，你有男友了吗？铁凝说，还没找到。90岁的冰心对她说："不要找，要等。"

每个人都是独立的个体，不能依赖于别人提供的给养，而是要始终拥有自我塑造的能力。安全感的获得来源于对自己的接纳与重构，发现自己的软肋，然后为它穿上铠甲。爱情里最艰难的部分就是遇见。在遇见之前，你要先学会与自己相处。

不久前，方丽结婚了，是她想要的惺惺相惜。婚礼上，她故意把新娘花球抛给了我。我知道她想说什么。

"你看，花都开好了。"

# 别对陌生人太客气
# 对亲密的人太苛刻

前段时间朋友和我吐槽：你知道么，我费尽人力、物力、财力帮了好朋友一个特别大的忙，结果，你猜怎么着？他从头到尾居然连个"谢"字都没说。居然还开玩笑说我办事拖字诀。好歹，咱也是自掏腰包，动用各路人脉关系，费劲巴拉的帮了他那么大一忙，不求他感恩戴德，最起码得冲我说声"谢谢"吧！

我安慰他说，可能他觉得和你关系很铁，说"谢谢"太见外吧！你不也说，开玩笑说你拖字诀么？

朋友一脸委屈地说道：可弗洛伊德说过，没有所谓玩笑，所有的玩笑都有认真的成分。再说那句"谢谢"是对我最起码的尊重，也是对我这些天来不辞辛苦，东奔西走的一个肯定啊！他倒好，一个拖字诀，就否定了我这几天的辛苦劳动。一句"谢谢"而已，既不费事，又不费钱，张张嘴而已，为什么要这么吝啬啊！你说，到底是我太矫情，事儿太多，还是我那个朋友太不懂事？

我继续安慰他，可能你的朋友犯了我们大家都很容易犯的一个错误就是，对陌生人太客气，而对亲密的人太苛刻。

譬如，我们平时不顺心的时候，不也会对父母大声嚷嚷，不停抱怨，甚至发脾气么。比起你对朋友的帮助来，父母可是含辛茹苦地把我们养大成人，可是我们又有谁会在父母做好饭的时候说声"谢谢，您辛苦了"。大多数时候都抱怨，菜炒咸了，油放多了。试想一下，父母听了这些抱怨该多伤心啊。如果不骂我们两句，不也得憋成内伤，气到吐血。

朋友若有所思地点了点头。

不久前，一个经常在朋友圈晒幸福的女性朋友，突然淡出朋友圈。偶尔也会在凌晨两三点发出这样的感慨"上钩的鱼不用喂诱饵，结婚的男人不献殷勤"。

再次和她联系时，朋友却大倒苦水，想要离婚。我大吃一惊，为什么？你老公对你那么好，为什么要离婚？

朋友一脸诧异地问，他对我哪好了？

我如数家珍地和她一一道来，你喜欢吃苹果，他会洗干净，去皮，切成小块，插上牙签，送到你的嘴边；你俩认识这几年来，你连手机充电器都不知道放哪，但手机始终满格电；他会在你们结婚纪念日的时候，把你们的合影和发过的短信息和QQ聊天记录打印出来，装订成书，送给你当礼物……

这么好的男人，看得我们各种羡慕嫉妒恨，你怎么还舍得和他离婚呢？

朋友惊得下巴都掉下来了，这些事你怎么知道的，有些我都不记得了，你咋还记那么清楚？

我微微一笑，你啊，以前可是喜欢晒幸福刷屏的；我嘛，不好意思职业病，看书向来一目十行，过目不忘！

朋友叹了口气，你不提以前这些事还好，一想起以前那些种种，就觉得我老公现在特别混蛋。

当初追我的时候，诚心诚意、体贴入微。不惜时间、金钱，十八般武艺，只要能用的全都用上了，竭尽所能，拼命讨好我。现在倒好，就是知道挑我的刺。

嫌我天天电话发信息太黏他，动不动就抱怨我洗的衣服不干净，炒的菜太咸，做的饭太硬。真是气死我了。结婚前还假惺惺说，我会让你做高高在上的女王，绝对不会让你做洗衣煮饭的女佣。

我安慰她说，男人都是这样的，你自己不也悟明白了，"上钩的鱼不用喂诱饵，结婚的男人不献殷勤"。

可是最令我不能忍受的是，他现在对我居然还不如他的女下属，他会亲自为女下属煮咖啡，还请她去吃法国大餐。和女下属在一起就各种活跃健谈，风趣幽默，回到家，就成了自闭症患者，整天捧着手机划拉，把我当成空气，对我的话充耳不闻，或斥喝闭嘴。他肯定是出轨了，爱上了女下属，我一定要和他离婚！

当然朋友的老公也很委屈，结婚前，她那么温柔体贴，现在动辄河东狮吼。居然还偷偷翻看我的手机，查看我的微信聊天记录，简直不可理喻，无理取闹。

我们团队的女同事拿了公司销售冠军，直接帮助我升职加薪，我请人家喝杯咖啡，吃顿饭，不是人之常情么。她至于上纲上线的说我出轨，还要死要活的离婚么？

那你想要和她离婚么？我问他。

当然不想，鬼才想要离婚。

那你就应该改变对她的态度。你回想一下，是不是因为你对她失去了最初的耐心和尊重，她才会无理取闹的。

其实爱情婚姻和女人一样，就像一朵娇艳的花，你用心呵护她，不断地给她浇水、施肥、剪枝、晒太阳，她才会盛开得美丽动人，如果你对她不管不问，懒得搭理，她自然就会枯萎，不是吗。

我们最大的错误就是把最差的脾气和最糟糕的一面都给了最熟悉和最亲密的人，却把耐心和宽容给了陌生人。

对待最亲密的人，我们习惯成自然地不懂礼貌，不会温柔，忘记感恩，不是大呼小叫，不停抱怨，就是懒得搭理。因为太过熟悉了，不知珍惜，而慢慢失去了应有的耐心和尊重。这实在是极为错误的心态。

我们之所以会对把最差的脾气和最糟糕的一面都给了最熟悉和最亲密的人，是因为我们总觉得，最亲密的人永远不会离开我们，即使我们犯了错，惹他们生气，他们不会怪罪我们。事实上，不管是亲情、友情、爱情还是婚姻，都是易碎品，一旦出现过裂缝，便很难恢复原貌。即使最亲密的人，也会因为我们的不尊重和缺乏耐心而受到伤害。

即使对最亲密的人也要保持应有的尊重、礼貌和耐心。这是一个人成熟的标志，更是成年人的处世法则。

# 别让成功断在了你的坏脾气上

## [ 为坏脾气买单太贵 ]

我曾经为自己在公开场合的情绪失控付出特别高的代价。

一位公认难打交道的女客户，方案修改了无数遍依旧不满意，合同谈判了十几个来回依旧签不下，可是，这是我最重要的客户，占业务总量的50%以上。

想起自己辛苦而无效的付出，以及签不下这个合同的惨淡影响，我委屈又无助，悲从中来怒从心起，在电话里大声对她说：你的要求特别没道理，你也特别变态，别以为甲方了不起，我不伺候了！说完，狠狠摔掉电话，心底涌起"姑娘不受这口气"的爽气，只是，爽气片刻就被绝望覆盖，我趴在办公桌上呜呜呜哭起来。

直到同事拍拍我递纸巾，我才想起这是一间开放式的大办公室，当时，我是一个26岁的成年女人。

很快，我对重要客户发火的事人尽皆知，直接领导找我问责，一把手找我谈话，鉴于我的"不成熟"，部门准备把这个客户调整给别人。

女客户也绘声绘色把我们交锋的段子传给同行，我成了本事不大脾气不小的代表，以及行业里的一个笑话。

我的怒火既无法推进工作，也改变不了她的傲慢，还把自己扔进了坑里，平静之后，我不止一次后悔：我图什么呢？

我为此花费双倍时间扭转，结果怎样？结尾告诉你。

## [ 脾气是男女之间杀伤力最大的冷兵器 ]

我的朋友周周曾经说过两件她当着老公面发火的往事。第一次发火，他们结婚度蜜月，在旅行地的一家酒店自助早餐时和邻桌发生争执，周周说，当时对方不讲道理极了，妈妈纵容孩子不停晃桌子大声吵闹，她和丈夫无法用餐，她制止时和对方争吵，心疼她的老公自然不会袖手旁观，俩人联合把对方吵败了，得意地觉得"夫妻同心其利断金"。可是，晚上结束行程回酒店的路上，意外来了。他们被几个当地男人围住，老公被暴打，她被捂嘴控制在旁边，领头的男人说："教训下男的，不伤筋骨，别动女的，打完收工。"伤得不算太重，老公下巴缝了7针。周周说，医院里她握着老公的手，针每穿一次，她的心抽一次，她脑海里迅速闪过早晨那对母子，人生地不熟，谁会下重手？一定是结了梁子。客人的无礼，可以请服务生协助制止；旁边很多空座位，可以调整位置回避冲突，自己为什么一定要发火？她的怒火点燃了男人的好胜心，她成了老公的面子，把他架到胜负的高点，而争强斗狠从来都是杀敌一千自损八百，值得吗？不知道对方是谁，底线怎样，就敢随意出招，想起来都后怕。蜜月之后，只要老公在场，她尤其注意克制自己的脾气，克制是保护，护自己，也护别人。第二次发火，发生在她和老公之间，早已记不起原因，只记得半夜吵起来，她忍不住发火说重话，激怒了他，他甩门开车而去。次日早晨，她才知道，他心里烦躁分神，把油门当刹车，为了避让其他车辆撞上一棵树，好在人没有大碍。

周周苦笑，脾气是男女之间最锋利的刀片，刀刀见血，心和肉一起疼。

## [ 把脾气调成静音，不动声色地解决问题 ]

据说，宋美龄非常善于控制情绪。

她一直对丘吉尔不满，原因是当年英、美、苏、中是同盟国，但是"丘吉尔看不起中国，罗斯福把中国看成四强之一，丘吉尔的态度一直是不赞成的"，这让宋美龄非常恼火，一直拒绝访英。甚至，丘吉尔到美国访问提出想见同在美国的宋美龄，她坚决拒绝。《顾维钧回忆录》描述，有人提醒宋美龄见丘吉尔会给对方脸上增光，她立刻表示："放心，我不会帮他这个忙。"可是，1943年11月，宋美龄陪同蒋介石参加英、美、中三国首脑开罗会议，她和丘吉尔不可避免地会面，两人有一段经典对话。丘吉尔说："委员长夫人，在你印象里，我是一个很坏的老头子吧？"宋美龄没有回答"是"或"不是"，直接把皮球踢回去："请问首相您自己怎么看？"丘吉尔说："我认为自己不是个坏人。"她顺势回答："那就好。"蒋介石特地把这段对话记在了日记里，他自己脾气暴躁，经常打骂下属，所以他特别欣赏宋美龄的外交智慧，夸她既不违反外交礼仪，也不违背自己内心。

外交和生活一样，并不靠脾气，靠的是实力。

## [ 放狠话是"我没辙了"的另一种表现 ]

回到开头，后来，这个客户终于和我们合作了。

原因当然不是我发了火，吓住了难惹的女客户——搞不定的人就是搞不定，传说中的"精诚所至金石为开"的另一个意思是，"你有这闲工夫去干点别的，啥都能做成"，所以，两个合不来的人用不着在一起死磕，我礼节性放弃了对她的公关，转向她的上级和下属。她的上级是营销政策制定人，她的下属是具体工作对接人，虽然不如她直接，但她这条路不通啊，即便绕道远了点，也要走走试试。绕道之后，我走通了。我获得了她领导的认可，并且和她的下属相处融洽，决策者和执行人都开了绿灯，她的红灯也不好意思一直亮着，终于，她红灯转黄最终变绿。而我，学会了对情绪的冷处理。怒火是虚弱的前奏，是你对这个世界毫无办法之后最无力的发泄，解决不了任何实质问题，却烧光了你的清醒和内存，烧坏了别人对你的信任。搞不定可以绕道，虽然路远一点，同样能到终点。绕不过去还可以放弃，未必所有事情都值得坚持，放手有时是及时止损，甚至是另一个高效的开始。我们从来不需要把自己改装成没有脾气逆来顺受的怂包，但我们终究会懂得把脾气调成静音模式，不动声色地收拾生活。

# 没有什么可怕的，朝着目标前进就好

## [ 1 ]

有一个读者在群里倾诉，他最近很苦恼：喜欢了一个姑娘，但不确定那个姑娘对自己到底是什么想法，很是纠结，到底要不要告白？

大家于是给他出谋划策。

几个热心的小伙伴几乎一边倒地劝他：去告白啊，喜欢就要上，爱她就要让她知道。

"我约她出来吃饭，她都不单独赴约，还要拉个女伴……"

"她说我对她的喜欢只是套路，是假扮深情……"

"我不知道怎么办了，她究竟是不是喜欢我呢？"他犹豫地问我。

我笑，如果他鼓起勇气直接去告白，直接去问那个女孩，一切问题就都不是问题了。所以他的问题不是姑娘喜不喜欢他，而是，他害怕告白。

害怕告白以后，被拒绝，告知自己是不被喜欢的，害怕以后连朋友都做不成，害怕连单相思都不能了……在意的越多，越在乎那个结果，就会越害怕。

我们的害怕来源于，不知道前面究竟有一个怎样的结局，在那个强大的未知面前，我们胆怯、惴惴不安，生怕走错一步，就蝴蝶效应地一步步错下去。

[ 2 ]

然后我想到，一直学不好的英语。

中学时期，我曾经某一次考试没有达到老师的期待，被当众训斥后，产生逆反心理，从此不再好好学习，由此恶性循环。

高中时期，英语学得已经很吃力，直接影响了我的高考成绩，和第一名相差三四十分，几乎都差在英语上；

大学里，英语四级考了两次，第二次贴着及格线过了；英语六级报了两次名，没进考场；

考研失利，虽然专业课排在第三，可英语没有过国家线，几分之差被刷下来。

可以说，我一直痛恨死英语，但与其说痛恨，不如说害怕。工作焦虑的时候，我无数次做梦，梦见自己在英语考场上，奋笔疾书，可是空白的卷子上什么字迹都没有，我努力答题，最后还是交了白卷。

如果说，我们的害怕来源于对未知的不确定性，那么再往前推进一步，我们害怕的本质，其实是担心自己无法承受那个坏的结局。

所谓"未知的不确定性"，说到底，我们不是不知道结局，因为结局永远只有两种：好的和坏的。人们之所以会害怕，是先入为主地认定，自己注定会失败，且无法直面那个失败所带来的后果和挫败感。

我学不好英语，是从一开始就缺乏底气，觉得它难，毕竟我已经被它难倒那么多年了，一旦从心理上开始畏惧、退缩，则大势已去，即便再怎么努力也不过是装装样子。

那个纠结要不要告白的读者，他害怕告白，大抵是因为心里并无多大把握，认定一经告白一定会被拒。这样想着，便更加反复犹豫，自信全无，扭捏之间越发不知道该用怎样的态度去面对喜欢的人，进退为难。

[3]

我们一直误以为大千世界里，我们一定有两种选择：开始，或不开始；继续，或者放弃。

理论上是没错。

但事实上，所有选择"不开始"、"放弃"的事情，你以为当下巧妙地绕开，但命运从来没有放过你，它日后一定会换个方式重新考验你——凡你所逃避的，必将再次挑战你。

你因为害怕，不去告白，那么"不知道对方是不是喜欢我"这个问题就会一直困扰你，直到下一段，下下一段亲密关系，你都会遇到这类问题；

我因为害怕，不去好好学英语，那么"我英语超级烂"就会在日后反复影响我，直到我考研惨败，直到未来我或许还会因为英语而错失什么外派学习的机会……

我们因为害怕，放弃的那部分可能性，那个世界对我们大门紧闭，但它没有消失，恐惧如影随形，它一直提醒着我们，自欺欺人是徒劳。

所以你看，我们其实是没有选择的，你只能选择开始，勇敢地往前迈出那一步，直面你的恐惧。

[4]

小的时候，我很怕黑。怕到屋里即便开着灯，也不敢走到窗子边，伸手去关窗户。

我怕，漆黑的外面蹲着一只巨大的怪物，只要我把手一伸出去，它就会张开血盆大口，把我的手臂咬断。

后来爸爸跟我说，你越怕什么，就越要走近了，把它瞧个明白，看个仔细，当你看到它是一个确切的实体，反而就不怕了。

是的，后来我知道了，我所害怕的那只怪物，只是窗户外面在月光下摇曳的树叶的影子。

我们害怕，是因为从开始就认定自己会失败，但实际上，是否真的如此呢？

显然不。好的，和坏的结局，概率其实是一样的。

也就是说，如果那个读者去告白，他的成功率和失败率是一样的，但导致的结果却截然不同。如果不告白，他便永远不会知道对方喜不喜欢自己，机会不会等人，爱情也不会等人，你不给自己机会，就等于给别人机会。

如果告白，失败了呢，这个结局是否真的可怕到无法接受？不是的，这个结局其实一早就在那里，只不过，你让自己更清醒直观地去面对它。

如果告白，成功了呢，当然没话可说，这是你最期待的结果，但其实这个结局也是一早就定好的。

你害怕的事情，其实结局一早就已经在那里了，不管是好还是坏，所谓"未知的不确定性"根本不存在，所有恐惧皆是虚妄。

所以，别怕，你的害怕只是一个泡沫，去行动、去开始，就是戳破它的那根手指。去做你不敢做的事情，去直面你的恐惧，去把未知变成现实，把那二分之一的不可能变成可能。泡沫破碎，一个更清晰的世界，逐渐显形。

好的结局，我们欣然接受，如愿以偿。

坏的结局，也不急，来日方长，怕什么前途险阻，当我们不再恐惧，有了更明确的目标后，一切努力就都有章可循，朝着更好的自己慢慢前行。

# 不快乐的时候
# 不妨给自己找点乐子

一个人会寂寞，两个人也会寂寞，如果你不能学会享受人生中一些独处的时光，那爱与不爱就都不会令你充实快乐，反而会空虚到无聊，又无聊到痛苦。

生活在这样一个时代里，不论你是处在生存还是生活的状态，除了爱情我们还有很多重要的事情需要做，我们也当然要回归家庭，可年轻的时候如果没有奋斗和经历，只怕到老了也不懂什么是真正的回归。独处的时候我们也可以很快乐，因为心里有爱一直在。

女人更要学会排解消化自己的寂寞，化寂寞为动力，去过一种与寂寞和解的奇妙生活。没有人会因为你空虚的寂寞而爱上你，只会因为你寂寞的美丽而追随你。

我不快乐的时候，或是因为工作压力大让脑子混乱的时候，索性就停下一切事物，自己去逛街购物，去看电影消遣。抑或是去家门口的咖啡馆喝杯东西发呆两小时，然后去买菜、做饭、洗澡、睡觉，静待不快乐的时间在我给自己找的乐趣里，慢慢过去。

如此找乐的事情，我更喜欢一个人去做，即便身边不缺男人和闺蜜的时候，我也几乎不在心情欠佳的时候让别人陪伴。不快乐必然不好看，能让自己变得不好看的事情也多是需要自己去解决，不必给别人添麻烦。

科学家说，人类情绪痛苦的极限是5天，很多烦恼原本没什么大不了的，只是在那个情境之下生出了诸多庸人自扰罢了。所以不论发生了什么，又遇到了什么，先善待自己，不要做任何决定，然后等时间一过，你的世界也就会好起来了。

很多女人跟我说过孤单，不论是已婚的还是单身的，生活中的表现或是焦躁不安，或是顾影自怜，或是抱怨不迭，总而言之她们严重的不开心，不满意，不幸福。孤单，有时候成了女人过不好的借口，问起原因还都以为是别人对自己不好，生活对自己的不公，天底下就自己最倒霉，真相却是自己都不会对自己好一点。

我最怕有女人整日摆出一副苦兮兮的样子，好像整个世界都欠了你的，还怎么说都不行，反正就是难上加难做不到好不起来。不开心可以自己去找开心啊，没男人就去谈场轰轰烈烈的恋爱，婚姻的围城破败就去推倒了重建，工作不顺心那么要么忍要么自己滚，再不行你也可以去逛街去花钱吧，怎么就不能让自己先快乐起来呢？

我觉得花钱买不到爱情，但一定是能买到快乐的，只要你有生活的情趣，又找对了地方，花钱不多也能收获惊喜。所谓情商低，往往是因为钱少的舍不得花，钱多的不会花，亏待了自己生出诸多的抱怨和矫情。

自己都不会找乐哄自己开心，就更别指望着别人去哄你了吧，大家都很忙压力都很大，谁也不想总是面对一张苦兮兮的脸。如果你不是源于自卑，那就是执迷于矫情了。我们身边也是有这样的一些人，因为自卑就看谁都会让自己难受，因为矫情就把简单的事情搞到复杂，因为痛苦就把情感蹂躏到破碎。

一生中总有些日子是需要我们独自走过的，年轻的时候常常把这样的日子看成是自由，于是少了责任和担当，青春不再的时候又常常把这样的日子看成是寂寞，于是少了快乐和思考。

在我们各自长长的一生里，谁没吃过点苦呢？没有自己坚强着收拾过一场残局的人也不会明白，吃苦其实一点都不浪漫，可如果知道那是药，知道吃了才有机会好起来，还能够把我们的生命提升到新的高度和境界，那你就应该好好地服下它，哪怕苦不堪言，你也要拼命挺住了，静待康复。

可遗憾的是，到处找解药的人都不认为解药其实就是自己，还一味地以为是别人病了自己总是很无辜。

这样那样的痛苦无非都来自于提不起、放不下、走不开、忘不掉，那些不快乐和不幸福也在如此的纠结矫情中愁怨深种。有谁说过，不快乐的人也一定是不漂亮的人。换句话说，苦兮兮的样子并不一定会博得更多的同情，反而会让人觉得你愚蠢而脆弱。

你觉得"同情"是个温暖的字眼吗？时代不同了，同情里往往也包含着居高临下的不尊重，给了你也未必爽，不给你会更寒凉。一直说有些痛苦也不能晒，晒得多了，你会失去好起来的勇气。你要同情，就会得到薄凉，你找快乐，就会得到机会。

学会给自己找乐、哄自己开心吧，生活的美好有很多很多种，看书旅行、吃饭聊天、工作赚钱、恋爱婚娶，一扇门关上的或许是根本不属于你的天地，另一扇窗推开的或许才有温暖你的世界。

每天都请坚持绽开你最灿烂的笑颜，你现在还不算勇敢，我也知道前进的路上可能会有很多未知让你彷徨，可生活不会停下来等着你止步不前，情感也不会有那么多的蓦然回首供你缅怀，不往前走就不知道什么才是自己想要的真爱。我相信你终究会勇敢起来的，而一个勇敢的女人会走出奇迹。

女人更应该多走些路多见些世面，不然你的眼光和心胸就不可能放远又放开，这也必然会影响你在事业和情感上的诸多选择。那些滔滔不绝的诋毁和抱怨，其实大多是因为自己的庸碌无为和鼠目寸光，世界不可能只是男人们的，可关键是很多女人把男人看成了自己的整个天，一辈子都走不出那口井。

要知道，我们的生活和情感除了那些歇斯底里的过法，还可以处处弥漫着克制和温情，静静享受生活的丰富和情感的盛宴。

# 想那么多，
# 不如去做一件

　　九月初我重新开了新浪微博，开放了评论和私信，一时间收到许多朋友的留言，每天半夜我都在回复陌生人的问题，其中绝大部分是在讲述自己的困扰，诉说自己在学习、工作和感情中遇到的问题。

　　有时我会不太客气地说，收起你的自哀，没什么用。有人也会回复，为什么我看了那么多励志美文，还是没办法过好自己的生活？我说，鸡汤不管饱，还不如出去吃一顿好的。

　　首先我必须要讲，过于陷入自我的情绪中无法自拔，无论好坏，其实都有一个同义词：浪费时间。

　　很多人都有这样的感受，比如深夜工作结束，没有赶上末班车，独自一人走在空荡荡的马路上，没有空车，手机也没电，看着两旁高耸大楼闪烁的霓虹灯，或者望着陌生住宅楼的万家灯火，一时间就会有诸多平日里不会表露出的情绪，甚至会眼眶发红，找不到存在感。

　　存在感这回事，是扎扎实实存在的，在某些特定环境的驱使下，人内心的虚空会急速膨胀，无论是多么成功富有的人，都会有自我的软肋，觉得世界容不下自己，觉得内心无力，而这种平日里最为防备的东西，就会一瞬间攻破防线。

　　我同样也是如此，作为写作者，出现自我情绪的膨胀是常事，夜晚的独处会让某些矫情的念头泛滥成灾，陷入自怜的情绪中无法自拔。感叹逝去的时光，感慨离开的人，惋惜曾经的逝去，然后打开电脑记录，写下一篇篇文章，再被同样感同身受的人看到，从某种程度来讲，这份自我情绪的传递，同样是自怜的扩大化。

不知道你是否有这样的体会，当你每天都处于忙碌时，会感觉时间过得很快，精力充沛，尤其是在做喜欢的工作时，更是像装了永动机一样充满正能量。可当你开始闲下来，无聊地打开手机翻微博看朋友圈，或者一个人发呆，那些情绪会马上渗透进脑子里，让你乱了心神。

有一个关于忙的段子。忙是治疗一切神经病的良药，一忙，也不伤感了也不八卦了也不撕逼了也不花痴了。平静的脸上无怒无喜，看过去只隐隐约约地写了一个"滚"字。

所以，很多人问我解决的办法，我都是简单地说，找事情做，让自己忙起来，会好很多。但实际上，时间是中药，吃得久了才见效，忙是西药，立马见效，但副作用大。做很多事情并不是抑制无用情绪的蔓延，而是让你在做事的同时，学会控制。

一个对周边和自我有控制权的人，包括工作、情感、情绪，都会对自身起着积极的作用，但丧失了自我的控制，变得盲目和随波逐流，就会陷入情绪旋涡中。

朋友在和我谈到这点时说，自己也想过要控制，但总是力不从心，内心没有一刻平静，总是翻江倒海胡思乱想，还有更多时不知道要做什么，眼前明明有一堆工作要处理，可也懒得去做，没有头绪，任凭自己去发呆去放纵，之后也会懊悔想要改正，但无济于事，自我意志基本处于瘫痪的状态，还白白消耗了自身的能量。

我问朋友是怎么解决的，她说去看文章，看了许多励志的文章，大多都是满满的鸡血，告诉你人生是美好的生活是光明的，应该挺起胸膛好好做人做事，不要怕前路坎坷，怕的是自我萎靡，诸如此类。我问有用吗？她点点头，暂时有用。

我笑了，能坚持多久。她叹了口气，也就一两天，你说这是我的问题吗？还是那些道理不对？

我摇摇头，道理没错，你只是错在了依然停留在念想里。现在人们大多诟病的鸡汤文，之所以被说无用，就是将世界上的道理变成了唯一化和条框化，通过高大上的论述告诉你世界完美无羡，但大都点到为止，没能解决实际问题。

朋友说赞同，我看了之后当时觉得元气满满，可是几天后就颓了，不知道怎么做，所以我就去找一些自我管理的书去看，可是也没用，总觉得不合自己的口味，指引不了自己。

我说，鸡汤和攻略一个是直接告诉你道理，一个是告诉你技巧，然后让你明白那些道理。一个是目的，一个是手段。道理永远不变，可人在成长，当我们经过了诸多之后成熟长大，某些道理早已明白，不用再反复灌输。其实是你长大了，怎么能责怪那些道理一无是处呢？

朋友问，所以我在浪费时间吗？我点点头，很大程度上来说，是的。

自我的控制不在于控制情绪的好坏，任何事情都有两面性，如果能够合理分配时间，减少一些无用功，就会感觉自我的效率倍增，然后加上道理的灌输和积极向上的心态，当然会感觉身心愉悦，自信心也会提升。

朋友苦恼地说，我不知道怎么做啊，感觉太难了。我说，不难，别想太多就行了。

我和朋友说了我曾经的经历，之前我有将近半年的时间都处于情绪的支配下，感觉世界抛弃了自己，感觉没有人理解，感觉梦想正在远去，然后开始自暴自弃，终日无所事事，看了诸多励志文章不管用，读了许多攻略又不切实际，同时又为自己的这种堕落懊悔不已。在那段时间里，我几乎变成了另外一个人，一个连我自己都不认识的人。

但值得庆幸的是，我及时认识到了这点，我了解到自我的狭隘和浅薄，之后便开始学习心理学。在学习的过程中，也不断往内探寻自己，开始察觉到自我接受和排斥的比例，并且顺应情绪做出调整。这时的我，就会变得愈加清醒，从而学会了控制自己。

我对朋友说，首先你要察觉到自己正在处于这样的情绪中，无论是悲观消极的自怜，还是满满元气但却无作为的鸡血，都是不好的。认识自我是最重要的一点，察觉自身的变化是控制的第一步，并且更加容易抛开这些情绪。

情绪的来去都有缘由，或许是一件事，比如失恋、失业等不顺利的现实，明白这个源头才能看懂它如何来，才能知道自己的这份不正常的情绪有如何的状态，并且了解它是否会影响自己的正常生活。

另外，自我鼓励是控制的基本，自信心的建立是在现实将你挫败后最应该做的事情，如果你没有条件去做心理疏导，那么自我的鼓励是非常有益处的。没有人会一生一帆风顺，人生本就磕磕绊绊，被现实打败并不要紧，怕的是从此一蹶不振。

老话说，一鼓作气，再而衰，三而竭。任何的鼓励都不能过于持久，因为它依然停留在表面和情绪，正如你看鸡汤，最多能看两篇，足矣。太多的道理灌输会麻木自己的神经，从而让你无意识地高看自我的能量，渐渐变得狂妄和自大，并且不会落实到行动上，结果空想便成为了每日主题。

我建议去做一点小事培养自我鼓励，做一些力所能及但曾经没有做的事情，比如运动，或者培养新的兴趣爱好。人会因为这些新鲜而简单的事情重新产生正能量，听音乐看书都是不错的选择。如果开始比较艰难，可以循序渐进。要知道，你所做的事情，不为完成你的工作，而是拯救现在颓废的自己。

虽说现在鸡血已经快要成为一个贬义词，但是喝点也无妨，人终归是需要正面的情绪，快乐最重要，但快乐不是停留在纸面上的说教，而是你在日常生活中扎实感觉到的。良好的生活习惯，规律的作息时间，有条不紊安排每日的学习和生活，都是加大对自我控制非常有效的办法。

但我不反对自怜和发泄情绪，自己在反反复复的情绪中排解，或回忆，或感伤，或埋怨，或悔恨。但要适度调整，及时脱离。这种情绪的蔓延不宜太久，一般一周左右，如果太久就会失去自我，被那些已经过去的事情控制，那时才是病入膏肓，想要摆脱就来不及了。

当内心烦躁不安时，我们的心就会完全被周遭所吸引，会因为一草一木的变化，会因为晴天阴天的变更，不断影响自我的情绪。其实这些不外乎是外在原因，根源在于自己的心不静。世间一切万物各有其生长规律，我们也同样如此，关注内心，要比关注外在重要得多，一个平和的心态，就可以提高自我的专注力，并且学会控制自己。

人是需要一点力量的，我们不可能控制一切，但我们可以掌握自己，人的伟大和渺小就在于自身的意识范畴。当我们在无法控制之前，先要学会面对，在面对后要勇于突破，并且改变现在的处境，失控可接受的范围应该尽力被压缩到最低。

你的人生应该在你的手中，你是舵手，不然你想让谁来走完你的道路？

从今年5月开始，几个朋友会在每个周六早晨来我家，大家坐在蒲垫上进行冥想和静态瑜伽，我会在其中加入心理催眠，播放舒缓的音乐，点燃檀香，并且用语言引导大家进入我所规划的场景，加入心理催眠暗示，让大家在深层次潜意识内进行放松，收效不错。

朋友依然有些疑惑，这些我都知道，我也想改变，方法我也学了，可就是动不起来，总觉得执行力大不如前。

我说，一个自我都无法控制的人，注定会成为最大的输家。如果你愿意输，那么你可以继续下去。但如果你想你的生活更好，你想遇到更好的爱人，那么你自己首先要变得更好，先让自己，配得上你对别人、对这个世界的期待。

所有道理中的光芒，畏惧中的肃穆，空虚中的焦躁，错失中的悔恨，不过都是幻象，唯一真实的，只有当下的自己，你的行动力。

别光想，去做，踏实去做，抓紧去做。你的自怜自艾，你的鸡血元气，最终如果都没有落实到行动上，那么也只是一个精神残疾的人。如果自己都不懂得如何变好，也不会照顾好自己，那么此刻的身心疲惫又有什么意义？

做比想要重要得多，迈出第一步，你所见到的风景，要比你想象的更加美丽。

最后，特别想和微博上找我咨询的朋友说，咱不管什么时候都要明白，没有什么是应该的，没有什么是必然的，人活着舒坦就好。与其总是自欺欺人，不如学会坦然接受，在你拥有更好的之前，要先有接受失去的能力。

别想太多，真的，没什么用。

# 别为了一点坏情绪而
# 浪费了一整天的阳光

我曾经很困惑，当个"好人"很呆，还经常受委屈被欺负，要不要变"坏"一点、狠一点、难缠一点？

"坏"了之后，真的能拥有广阔世界吗？或者说，广阔世界真的是靠"坏"拼出来的吗？

未必。

## ["坏人"是否比"好人"胜算更大]

我唯一一次在公开场合喝醉酒出洋相，是23岁。

其实，我酒量相当不错，家里军人多，高兴时喝两杯助兴，时间长了酒量也练出来了，有时和我爸一人一瓶白酒，花生米配贝多芬《田园交响曲》，只是，我矮，而且外表斯文，别人联想不到喝酒。

但是，我没想到，有一天喝酒居然能派上用场。

那时，我在报社广告部，遇上客户欠款，各种催款方法用尽依旧没有明确结果，于公不行，我们打算私下协调关系，于是邀请对方吃饭，对方答应了。

酒过三巡，气氛尚可，我们领导提出欠款，对方各种拖延，我们紧追不舍，要个准信，结果，他们负责人一眼看到角落里默默无闻的我，袖子一拔，说：

我从来没见过小李喝酒，这样，换大杯子，她喝一杯，我们付10万元。

十几年前的10万元啊，挺值钱的。

我觉得，天将降大任于我的时候到了。

我领导还没接话，我就跳起来：你说话算数？

对方说：十几个人看着，还能耍赖？

于是，排开20个杯子，每个杯子大约装一两白酒，大家屏息凝视，我一个踩着高跟鞋才164cm的小姑娘从第一杯开始。

一杯，两杯，三杯……我喝一杯，得到一次掌声。

掌声若干次之后，我断片了。

再次睁开眼，面前是我妈愁苦的脸，一副丢人丢大发了的样子。

我揪着她问：那个人钱给了没有？

我妈恨恨地说：不知道！昨天一群人送你回来，一个女孩子怎么能这样！

我依旧惦记着那笔钱，下午就赶回报社。

我领导见到我，敲敲桌子：真没看出来你有这能耐，昨天喝到第15杯倒下，第15杯只喝了一半，我让对方算了5万元，第一笔先给145万元。但是，以后不许用这种歪门邪道去做工作。

我不屑地撇撇嘴：不是正道走不通吗？要能走通，谁愿意这样？对付坏人不用坏方法，能赢吗？

他摇摇头：我比你大十来岁，你以为你酒量大，就没有人比你能喝？你以为你腹黑就遇不见比你更黑的人？你以为你使点坏别人就不会对你使更多坏？你以为，能要回来那些钱，就只是因为你能喝？

我愣了，问：那客户为什么答应给钱了？

## [ "坏"女人的竞争者，并不是"好"女人 ]

有一次，和冯仑老师一起录节目，我问他：男人究竟更爱勤劳善良朴实的"好女人"，还是作天作地自私利己的"坏"女人？

冯仑老师说得特别有意思：

男人在不同情况下爱的女人肯定不一样。

逃难的时候首选四川、湖南女人，她们忠诚可靠，出卖带头大哥的几率非常低；真要硬碰硬打一仗，还是东北女人靠谱，豪爽大气阵仗足；日常生活，上海女人好，带出去有面子还会撒娇，哄得人高兴；自己创业，安徽、江西女人靠谱，吃苦耐劳。

他并没有用"好"和"坏"来区分女人，而是在不同的情境下做出不同的选择。

很多人都觉得，要在这个发展飞速变数很大的世界做个好女人，风险很大机会成本很高。

比如，她不能耍小心眼，心里藏事的女人能叫"淳朴"吗？明明是个心机婊。

她不能偷懒，生活中的辛苦和委屈最好自己扛着，balabala诉说困顿寻求支援算什么勤劳，勤劳都是隐忍的，宝宝心里苦，但宝宝不说。

她还不能有太多为自己打算的想法，万一嫁的男人窝囊，就得跟他怂一辈子，不然就是自私、嫌贫爱富和不忠贞。

所以，做个好女人很容易吃亏。

那么，做个所谓的"坏"女人呢？

懂得放低姿态，在男性世界里运用性别优势左右逢源，为自己争取更好的社会地位；或者，直抒胸臆，从不畏惧直截了当表达自己的欲望并且奋力争取；再或者，心里藏得住事，知道审时度势做出最利己的选择。

"坏"女人的路也不好走，因为她们的对手不是"好"女人，贤良淑德的"好"女人遇见"坏"女人胜算不大，可是，"坏"女人的对手是她的同类，是同样懂得这套生存规则的女人，所以，能够顺着"坏"女人这条崎岖路径到达光辉顶点，也注定是披荆斩棘运气奇佳。

所以，仅仅当个"坏"女人，坏出水准和高度，就能走遍世界无敌手吗？

真的不一定。


## [ 甄嬛为什么比安陵容可爱 ]


我领导接着说：

客户给钱最重要的原因是，我们草拟了律师函，整理了各种证据，早已传给对方。生意人要的是双赢，而不是共输，毕竟不是破产倒闭业务做不下去，何必真不给钱呢？那顿饭，不过是一个台阶，双方互相给面子，关系缓和之后再把正事办完。你那些酒，无论喝不喝，钱都是会回来的，只是早晚问题。

我觉得我白牺牲了，有点尴尬。

我领导笑笑：我从前也是以牙还牙以眼还眼，对付"坏"人就要用"坏"办法，经历的事情多了之后觉得，决定成功还是失败的关键是实力，而不是阴谋诡计旁门左道，变"坏"并不能让你赢。或许正道长一点、远一点、慢一点，但要害并不在于你是否走得比别人快，而是在于你往前走的能力、心态和姿态，以及坚持得是否比别人久。

很多年后，我看《甄嬛传》，里面有一段安陵容不甘心地反问皇上：在这深宫之中，谁没有狠毒过？

是的，后宫生存环境恶劣，坏人到处都是，只是，遇见"坏人"，你就要变得像她一样坏吗？

　　甄嬛和安陵容最大的区别是，都遇见了"坏人"，但是和坏人过完招之后，甄嬛还能够以善良的方式对待身边人，安陵容却一恶到底，在"打坏人"的过程中自己也变成了"坏人"。

　　非常惋惜。

　　既然当好女人怕被生活辜负，做坏女人怕被舆论欺负，那就做个相对独立点的女人，像男人一样有自我的判断和审时度势的眼力，明白逃难的时候谁最可靠，和平年代跟谁能享福，做生意找谁做搭档，打架的时候谁能罩得住，在"好"与"坏"之间自己把握切换。

　　这样的女人，即便勤劳也知道心疼自己，善良也会有点锋芒，朴实也懂得留个心眼，关键的是，她们不会任由自己被生活挑挑拣拣，把那些讨好别人的心思花在自己身上，去爱那些值得的人与事，并且享受其中的乐趣。

　　为了个把"坏"人，影响了自己的"好"日子"好"心情，是最不划算的事儿。

　　愿我们即便在雨点中，也能呼吸到新鲜的空气。

# 生活不能永远一个姿态，千万别被打倒了

　　人都是害怕孤独的，当一个人失去朋友，或者感觉自己孤立无援时，他会变得更加脆弱。很久以前，科学家一直认为害怕孤独是人类进入社会之后才展示出来的心理缺陷，但实际上越来越多的研究证明害怕孤独是自然特性的一部分，科学家发现了很多动物身上都存在这种害怕孤独的心理，尤其是那些习惯了群居的动物，一旦它们脱离群体，那么生存下去的几率将会很小，而且它们也会表现得非常不自信，会变得恐惧不安。

　　人身上也具有这样的自然特性，比如科学家发现，把几个婴儿放在一起的时候，他们会显得很安静，如果将他们全部隔离开来，婴儿的情绪会出现波动，他们会感到不安和恐惧。由此可见人类的孤独感是与生俱来的，人们在长大之后，尤其是参与社会活动之后，对于孤独的感受会越来越强烈。

　　比如很多人喜欢和朋友们待在一起，也喜欢结交各种不同的朋友，因为他们享受这样的氛围，也喜欢得到朋友的关怀和帮助，而一旦离开朋友，他们会显得很安静，会表现得很内敛、很不自信，情绪也会很低落。尤其是当他们遭遇挫折和失败的时候，当他们因为某些不幸而陷入痛苦的时候，更是会想到自己的朋友。当他们不被别人理解，当他们不受到别人的欢迎时，这种孤独感和对朋友的需求同样会很强烈。

　　可以说朋友为我们提供了很强大的精神支持，而事实上随着社会的发展，人与人之间的联系越来越紧密，相互之间的交流也越来越多，我们的朋友也会越来

越多。这其实对我们缓解不良情绪、提高个人的精神状态有很大的帮助，因为当我们遇到不开心的事情时，就可以向朋友诉苦；当我们遭遇困难时，可以向朋友请求得到帮助；当我们感到痛苦并难以自拔的时候，朋友会成为我们最好的"解毒剂"。

正因为朋友有这样的功能，所以我们一定要保持乐观心态，当我们遇到困难的时候，不要总是感到害怕和恐惧；当我们遭遇失败的时候，不要自暴自弃；当我们感到痛苦难过的时候，不要总是怨天尤人、一蹶不振。其实我们应该擦干眼泪，多想一想自己身边的朋友，因为他们永远都是我们坚强的后盾，因为他们能够成为我们最好的帮手，我们需要告诉自己：我并不是一个人在战斗。

李晶曾经和朋友们一起创业，当时他投资最多，而且是公司的法人代表，因此担负着最重要的责任。可是公司创办起来后，由于经营管理不善，以及客源不足，投资和收益严重失衡，以至于资金链出现断裂，接着连年亏损，并很快陷入困境。当时公司已经负债上百万，这对李晶来说是一个不小的数目，很显然他自己无论如何也偿还不起，如果继续借贷的话，万一公司的经营还是没有什么起色，就会遭遇更大的风险，那时候即便他倾家荡产也难以顺利还款。

面对不利的情况，李晶显得很着急，也很苦恼，一连好几天都闷闷不乐，一个人躲在办公室里避不见客。朋友们自然也了解公司运营的状况，虽然谁都希望挣钱，但出现这样的情况也只能说是运气不好。他们担心李晶承受太大的压力，纷纷主动找到李晶，一个个拍着胸脯说："亏了就亏了嘛，没什么大不了的，你一个人亏不起，难道我们这么多人也亏不起吗？你大胆去干吧，实在不行，我们大家也可以找自己的朋友来帮忙的。"

听了朋友们的话后，李晶觉得很感动，同时也开始觉悟：的确，自己一个人的力量是有限的，既然这样，为什么不去想一想那些朋友呢，朋友多了，自己的负担和风险不就小了吗？自己的痛苦大概也不能称之为痛苦了。想到这里，李晶决定放手一搏，大胆去借钱融资，同时也开始改变经营方式。结果半年之后，公司有了很大的起色，开始进入盈利模式。而经过这次的挫折，李晶也更加意识到朋友的重要性，同时也因为朋友而变得更加自信和乐观。

都说"朋友多了路好走"，我们需要更多的好朋友，也需要培养朋友互帮互助的意识，因为朋友往往能够成为我们最强大的后盾。这种支持实际上并不仅仅是简单的帮助或者物质上的支持，很多时候，反而会是一种精神上的支持，能够增强我们的自信心，能够为我们的成功提供足够的心理保障。

当你感觉到痛苦很强大的时候，当你感觉到自己一个人是没有办法战胜和克服它的时候，应该想一想身后的朋友，这时候你自然就会觉得痛苦没什么大不了，困难也没什么了不起，你完全可以依靠大家的力量渡过难关。这种团队意识和群体意识实际上可以将危机感和恐惧感降到最低限度。

在南非的塞伦盖蒂大草原上，每年都会上演惊心动魄的动物大迁徙，其中数以百万计的角马为了寻找青草和雨水，会沿途北上迁移，这是一个浩大的工程，充满了艰辛，而北上最大的一道天堑就是马拉河。

马拉河河道很宽，河水湍急，更危险的是河里面有大量的鳄鱼在那里守株待兔。对于所有的角马来说鳄鱼是最致命的威胁，而渡过这样一条河，它们需要面临巨大的风险，需要经受巨大的折磨和痛苦。

当它们来到河边的时候，一开始也会感到害怕，可是看到河边聚集的伙伴越来越多，它们就变得更加踏实和自信了，显然在群体面前，它们的抵抗能力会更强，生存机会也会更大。所以最后角马都会奋不顾身地跃入河中，然后奋力向对岸游去。正因为这样，绝大多数的角马最后都能生存下来，使得种群得以延续，并且日益发展壮大。

一双筷子可以被轻易折断，但是十双筷子在一起的时候，想要折断它们就很困难了。如果说我们每个人都是这孤立的一双筷子，那么想要抵抗和承受住巨大的压力，就应该懂得抱团，应该将自己和其他人紧密地联系在一起，而且要在心态上、精神上做到紧密结合，只有将自己和朋友牢牢放在一起，我们才能够寻找到更多的支持，才不会被孤独和绝望所笼罩。所以当你感到孤立无援的时候，当你无法缓解痛苦的时候，应该多想一想身后站着的那些朋友。

人生就像一个百味瓶，酸甜苦辣才是生活的作料。大多数人都向往着蜜罐似的生活，在这种安逸，甜蜜的生活状态下，他面带微笑、快乐地生活着。可是生活不可能停留在一种状态，当生活的急转弯出现时，如果没有坚强的性格，积极的人生观，或许很容易一蹶不振。所以，无论我们品尝到生活给予我们的哪一种味道，都是一种上天的恩赐，没有经历风雨怎能见彩虹。在短短几十年的人生路上，关键是拥有一种洒脱的魄力，能够微笑地面对每一天。

# 心情不好时，不妨让自己忙起来

俗语云，饱暖思淫欲，人闲生是非。世间一切烦恼，大都逃不出两个原因，一曰钱，一曰闲。

今天听到一个姑娘抱怨自己怀孕后情绪特别差，天天以泪洗面，一说就觉得委屈到无以复加。

姑娘今年20出头，早婚早孕，不用工作，如今每日在娘家饭来张口衣来伸手，还嫌母亲太唠，事事管着自己，连吃饭这样的琐事都要操心。

大概是岁数太小，还没适应母亲角色，姑娘怀孕几个月了，连什么时候产检，做检查的注意事项这些检查单上写得明明白白的事情都要到处找人问。

我说，你就是太闲了。大把时间就算不工作，起码也要找点事情做，多逛逛母婴论坛，研究研究育儿经也是好的啊。如果你把这些都搞清楚，自己能照顾好自己，你妈也不会不放心到要每天叮嘱你。你这样下去，最后孩子还没生出来呢，先生出一堆闲气。

我怀孕后，经常被人说看起来一点也不像孕妇，整日生龙活虎。我说我孕反严重在厕所吐成狗的时候，你并没有看到啊。一个人像不像孕妇，取决于你有没有把传统观念中孕妇的一面展现给别人看：娇弱无力，步履艰难，时时强调自己是需要别人照顾的群体。

的确，生理上，是有些比以前困难的地方，孕反强烈就不说了，体力不支那是常有的事，肚子大了，捡东西都有点困难。可是心理上，有一句话叫为母则强。

为了给未来的宝宝做个表率，也为了给他一个更好的未来，我努力让自己变得更加强大：工作不能落，写作不能丢，周末去做各种讲座分享会，还要利用空闲时间学习各种孕期知识，知道该定期吃什么做什么，什么才是对宝宝最好的，成为准妈妈群里有名的"百事通"。要知道，谁也不是生下来就会给人当妈的，怀孕前我连妇产医院的门在哪都不知道啊。

有人问，你不觉得这样的日子很委屈吗？女人怀了孕，就应该好好养着啊。我说不觉得，当你一直往前冲的时候，根本不会想到委屈这件事，况且，我自己特别享受现在的状态，觉得每一天都比前一天更有希望。

我曾试过忙到回家了倒头就睡，脸都顾不上洗，连喊声累的时间都没有。倒是哪天闲下来了，还真是不停碎碎念：心好累啊心好累啊。

世道艰难，人生不易，谁都一样。比如开头那个怀了孕的姑娘，我说你妈一把年纪了要照顾你，还得操心你肚子里的孩子，起早贪黑做完饭，吃不吃还要看你的脸色，她不累吗？她比你累多了。只不过当你有大把时间的时候，就会把全部的精力都聚焦在自己身上，觉得自己是最艰难的那一个，全天下都对不起你。

再比如林黛玉，不比薛宝钗王熙凤每日在大观园里忙忙碌碌的交际花生活，整日养尊处优一腔闲情没处释放，只好没日没夜自怜自伤胡思乱想，随便一点小事都能联想到自己寄人篱下的悲惨命运，连几条旧手帕都能激起一大段内心OS。她最后不是病死的，是自己把自己憋屈死的。

如果说内向的人容易闲出病来，外向的人则容易闲出是非来。

小时候住筒子楼，楼里有两个女人是死对头，特别爱打架，每次打架的起因都简单得可笑，不是A在B门口吐了一口痰，就是B跑A门口梳了一地头发。有一次打得凶了，一个人把另一个人头皮都扯下来一块。

说起来，两个女人有一个共同点，就是都没有工作，孩子又都上学去了，每天在家里无所事事，自然除了打麻将就是打架。

美国作家雷蒙德·卡佛说过一句话：

我还是相信工作的价值：越辛苦越好。不工作的人有太多的时间来沉溺于自己和自己的烦恼之中。

把悲伤、压抑、愤懑的时间都用来找点事情做吧，如果你整日都陷入无边的烦恼中，不是上天辜负你，也不是别人忽视你，说到底，就是你太闲了。

# 没有人有义务
# 承担你的坏脾气

其实每个人都会有心烦、心累的时候，千万不要在错误的时间，对错误的对象发泄你的郁闷情绪，因为也许一个转身，原本如此熟悉的两个人从此永不相见，形同陌路。

这世上没有谁会永远是谁的谁，有的人注定只能被伤害，有的人注定只能错过，有的人永远只适合活在另一个人的心里。人生没有如果，过去的不再回来，回来的不再完美。

不知从何时起，每当心烦意乱的时候就喜欢发脾气，而对象往往是那些最在乎你，最关心你的人，说白了无非就是因为别人太在乎你，太宠爱你而已，而自己因为知道无论如何她都不会离自己而去的，故而肆意发泄自己的情绪，随意宣泄自己的情感。

每个人都会有心烦的时候，每个人也都会有心累的那一刻，却没有几个人有正确的疏通方式，有选择隐忍的，有选择压抑的，有选择肆意发泄的。

而更多的人则选择了在错误的时间对错误的人发泄了自己的郁闷情绪，错误的时间是因为别人往往也处于心烦的时候，而错误的对象则是因为那些人往往都是最在乎你的人，只是因为太在乎而纵容了你的肆无忌惮，为所欲为。

有时候静下心来想想，如果不是她们的无私奉献怎会有我们今日的辉煌？如果不是她们一再的忍让宽容，怎会有我们现在的幸福？人心都是肉长的，不要以为她们就会冷血而不知痛，不要认为她们就是麻木而不知伤心的人，只是因为她们过于在乎而选择了隐忍，选择了忍受。

真正懂事的人应该学会感恩，学会控制自己的情绪，学会调节自己的心情，不要因为别人的在乎而放纵自己的情绪，不要因为别人的真爱而肆意地宣泄自己的心绪，越是在乎你的人越会为你付出。

不为你有所回报，不为你会因此感恩，只因为她真正地关心你，真正地在乎你，而事实又有几人能够明了她们的用心？几人能够读懂她们的良苦用心？

真正在乎你的那个人，从来不在乎你的过去，但她会很在乎你的现在，因为你的过去已经成为过去，而现在必须不让她再失望，不再失落，她在你身上寄托了太多的厚望太多的期盼，你所能做的，或者说最应该做到的就是让自己成功，不让她再失望，再绝望。

扪心自问，当你的心累了，当你心烦的时候，你会选择何种方式发泄自己心中的郁闷，选择何种方法宣泄自己的不满情绪？是否会因为最亲近的人的一句话而勃然大怒？是否会因为最爱的人的一个动作而大动干戈？

或许在你的勃然大怒中发泄了自己压抑已久的苦闷，又或者在你的大动干戈中宣泄了自己隐忍已久的委屈，但是你可曾知道，就是因为你的肆无忌惮，就是因为你的为所欲为，你伤了别人多少，让别人心寒到何种程度？

你从不曾知道过，你只知道自己得到了发泄，得到了释放，却将自己的苦闷情绪强制地发泄在别人身上，而自己却依然我行我素，未曾反省过，未曾内疚过，只因为别人对你的在乎，对你的爱。

当你承担应有的果时可能就会后悔莫及，但却已是悔之晚矣，每做一件事的时候都要扪心自问是否对得起自己的良心，每当遇到善良的人的时候都要反思自己是否对得起别人的良苦用心。

不要总活在自己的世界里，盲目自大，不要总活在别人的世界里，迷失自我，活在当下，活出自我，品味人生，用心生活，活出真我，守住自我。

# 不如将你的喋喋不休 改成一个温暖的怀抱

## [ 1 ]

大学毕业那年，我从上海回来找工作。那时候，大概是职场小说看多了，一心只想去大公司上班，于是，找出三家规模最大的公司，将自己的简历投了过去。

幸运的是三家公司都通知我过去面试。这三家规模都不错，但在我心里还是有区别的，我把它们分为A，B，C。A是我最想去的公司，其次是B，再次是C。

经过几轮面试后，B公司最先打电话给我，通知我已经被录取了。我心里很纠结，因为我最想去的A公司还没有结果。当时A公司里已经经过几轮面试，就在前几天，刚刚面试完最后一轮。

我想了整整一夜，拒绝了B公司，我妈对我的拒绝非常不满，忍不住劝我："B公司也不错的，你不能这么死心眼，刚刚毕业，能有份工作就不错了，你不知道现在竞争有多激烈。你看隔壁美素阿姨的女儿，毕业都大半年了，还没找到工作呢！"

过了一天，C公司也打电话给我了，说已经通过面试，下周一就可以上班。我妈又劝我："A公司到现在还没消息，肯定是没录取，你拒绝B公司就很傻，现在赶紧去C公司吧！"

但我确实挺死心眼的，坚持要等Ａ公司的消息，还是把Ｃ公司的机会拒绝了。

两天后，Ａ公司还是没有消息，我内心几乎也认定我没被录取。被喜欢的公司拒绝，我心里挺郁闷，就搬了把躺椅到阳台看书。

我妈一边晾衣服，一边数落我："我早说过叫你不要拒绝Ｂ公司，你就是不听，现在好了吧，哪家都去不成了，你就是太眼高手低了，Ａ公司那是大公司，你要经验没经验，要后台没后台，身高又不理想，哪那么容易被录取？你不听大人的话，吃亏就在眼前。"

可以说，我妈的话，比我没被Ａ公司录取更让我郁闷，我把书一甩，恼火地说："我求求你让我清静一下好不好？"

所幸，第二天Ａ公司就打来电话告诉我被录取了，我问他们为什么这么晚通知，他们说领导出差了，就耽误了几天。

我妈比我还高兴，兴奋地对我说："没想到你运气还挺好的，还被你等对了。"

我很认真地对她说："妈，在我郁闷的时候，我希望你不要再打击我，这时候我只想得到安慰，如果没有安慰，给我清静也是好的。"

我妈沉思了，之后她还是偶尔会犯"事后诸葛亮"的毛病，但时间久了，渐渐就改掉了。

[2]

一位姑娘爱上了公司里新来的男同事，两人交往了一段时间后，姑娘带着男朋友回家见父母。

父母很认真招待了女儿的男朋友，姑娘很开心，以为父母接受了自己的恋情。

但刚送走客人后，父母就把她拉到沙发上坐下，劝她跟对方分手。姑娘很郁闷，问好好的为什么要分手。

姑娘的父亲对她说："我们热情招待他，是因为你们是同事，不能让你没面子，但我和你妈看了半天，他不是个实在人，对于我们所提的问题，很多都含糊不清，甚至有前言不搭后语的现象，绝对不是托付终身的好选择。"

姑娘激烈反驳："你们一上来就跟审犯人似的，人家紧张才会答非所问，我们很相爱，他对我很好，那些都是你们不知道的，反正，我绝不会跟他分手。"

无论父母如何劝说，姑娘就是铁了心地要和男朋友在一起，父母在一边摇头叹息，无可奈何。

大概一年后，姑娘无意中发现男朋友劈了腿，和另一个条件更好的富家千金好上了，对于姑娘的质问，对方并没有否认，很坦白地告诉她：谈恋爱无所谓，可是结婚包含很多东西，找更合适的人有什么错？

姑娘伤心欲绝，请假回家休息，父母得知情况后，心疼女儿，将那个负心人咒了千百遍。

姑娘还是闷闷不乐，整个人像霜打的茄子一样，母亲一边心疼女儿，一边数落她："我跟你爸早就看出来他不是个好东西，就你偏不信，现在好了吧，你呀，就是不到黄河心不死，我们吃的饭比你吃的盐都多，走的桥比你走的路还多，看人难道不如你准？再说了，我们是你亲生父母，难道会害你吗？要是早听了我们的，早早分手，你何至于弄到现在这步田地呢？"

姑娘越听越恼火，对着母亲大吼："是，我白痴，我活该，我也没求你们可怜我呀！"

母亲也恼了："你真是不识好歹，白养了你了。"

姑娘一把扯过被子，把自己的头蒙了个严实，母亲摇头叹息地走了。

## [ 3 ]

一位男生大学毕业后，考上了公务员，父母为此倍觉欣慰。但是两年后，他发现这种朝九晚五的生活正在渐渐扼杀他的热情。

于是，他想辞职创业，去创造一番属于自己的事业。父母知道后，大力反对，认为公务员轻松又体面，创业前途未卜，干吗要如此折腾？

但男生心意已决，用两年存下的工资作为本钱，又找了几个志同道合的朋友合资开发APP，他们非常用心和努力。但最后开发出来的APP却无人问津，几个人的创业梦就这样破灭了。

那段时间，男生心情非常不好，人也颓废，父母见状忍不住说："好好的公务员不干，非要去弄什么APP，创业哪是那么容易的事，要真这么容易，满大街都是成功人士了，早听我们的话，至于落到现在这个地步吗？"

于是，男生更加抑郁了……

## [ 4 ]

发小爱上一个男人，爱得不要不要的，每天都在微信上向我汇报进程。

听得久了，我有一个疑惑，她在男人面前，几乎是透明的，连她几个月会说话，小学在哪上都交代得清清楚楚，可是当我问男人的情况时，她几乎一问三不知，我问她为什么连基本情况都不清楚，她说哪好意思不断挖掘，他要是想说就会说，不想说问也没用啊！

我佩服她的豁达，但同时又担心她，总觉得两个人谈恋爱，就算对方不问，自己的一些基本情况还是应该告诉对方的，如果连自己的基本情况都不愿意说，这代表什么呢?

但发小显然不愿意我对她男友有所质疑,坚持说男人的人品非常好。

某天深夜,她突然哭哭啼啼地来找我,进门第一句话就是:"我被他骗了,原来他不但结婚了,而且还有一个孩子,却一直假装单身。亲爱的,我好难受啊,我感觉心都被掏空了。"

我叹了口气,拍拍她的背:"唉,我早就……"我原本想说的话是,我早就提醒你要搞清楚,但话到嘴边,我突然愣住了。

这话的逻辑和语气,和当年我妈说我有什么不同呢?我一边讨厌这样的说话方式,一边却不自觉地学了过来。

于是,我赶紧改口道:"我早就说过,不管你遇到什么事,我都会支持你的,你不是一无所有,你还有我啊!"

发小哇地一声哭了出来,眼泪蹭了我一身,边哭边说:"亲爱的,还好有你,在我这么难过的时候,还有你陪着我,我以后一定不再这么盲目了。"

我拍着她,轻柔地安慰她,心里却想了很多很多。

[ 5 ]

当我们以自己的经验去劝身边的人时,我们满心希望对方听我们的劝,不要受伤,不要跌倒,不要辜负我们的一片好心。可是每个人都有自己的路要走,他们未必肯听我们的话,到最后,也许成功,也许失败。

当他们失败时,其实心里就已经满是懊悔,只是不好意思说出来,这个时候,我们完全不必再做事后诸葛亮,只要好好地陪伴、宽慰,和他一起走出人生的低谷,有了这种体验,往后你再说什么,对方都比较容易接受。

但,当我们说出"你看,我早说过……"这样的句式时,也许我们的出发点还是因为心疼，可对方听到的意思是"我早就劝过你，你不听，活该！"

经常有人说，爱人有事都不告诉自己，我想这时候我们就应该回忆一下自己的反应了，如果我们的反应是指责和唠叨，人家为什么要说？已经够难受了，为什么还要再听这些话呢？但如果说出来会有温暖的怀抱和理智的分析，又有几个人不愿意说出来呢？

试想，我们自己也会经历失败和挫折，当我们满心沮丧和挫败时，我们是需要一个温暖的怀抱，还是喋喋不休的唠叨？

每个人都有自己的选择，有些事不是事先提醒就一定能避免的，对一个人最好的方式就是，陪他走过低谷，陪他走向巅峰。